FACE À L'UNIVERS

DU MÊME AUTEUR

La Mélodie secrète : et l'homme créa l'univers, Fayard, 1988 ; « Folio/Essais », 1991.

Un astrophysicien : entretiens avec Jacques Vauthier, Beauchesne/Fayard, 1992 ; « Champs », 1995 ; 2012.

Le Destin de l'univers : le big bang et après, Gallimard, « Découvertes », 1992 ; 2008.

Le Chaos et l'Harmonie : la fabrication du réel, Fayard, 1998 ; « Folio/Essais », 2000.

L'Infini dans la paume de la main : du big bang à l'Éveil, avec Matthieu Ricard, Nil/Fayard, 2000 ; Pocket, 2002 ; prix d'Asie 2000 de l'Association des écrivains de langue française.

L'Arpenteur du cosmos : entretiens avec Edmond Blattchen, Alice Éditions, 2002.

Origines : la nostalgie des commencements, Fayard, 2003 ; « Folio/Essais », 2006.

Les Voies de la lumière, Fayard, 2007 ; « Folio/Essais », 2008 ; Grand Prix Moron 2007 de l'Académie française.

Voyage au cœur de la lumière, Gallimard, « Découvertes », 2008.

Le monde s'est-il créé tout seul ?, avec Ilya Prigogine, Albert Jacquard, Joël de Rosnay, Jean-Marie Pelt et Henri Atlan, Albin Michel, 2008 ; Le Livre de poche, 2010.

Dictionnaire amoureux du ciel et des étoiles, Plon/Fayard, 2009 ; Pocket, 2014.

Le Cosmos et le Lotus, Albin Michel, 2011 ; prix Louis Pauwels 2012, décerné par la Société des gens de lettres ; Le Livre de poche, 2013.

Désir d'infini, des chiffres, des univers et des hommes, Fayard, 2013 ; « Folio/Essais », 2014.

La Plénitude du vide, Albin Michel, 2016.

Trinh Xuan Thuan

Face à l'univers

avec Jean d'Ormesson, Matthieu Ricard,
Jean-Marie Pelt, Philippe Desbrosses,
Edgar Morin, Joël de Rosnay,
Fabienne Verdier, Jean-Claude Guillebaud

Pluriel

L'auteur a été récompensé en 2009
par le Prix Kalinga de l'Unesco,
et, en 2012, par le prix mondial de la fondation
Simone et Cino del Duca
pour l'ensemble de son œuvre de vulgarisation scientifique
en langue française,
décerné par l'Institut de France.
Pour plus de détails sur ces ouvrages, consulter le site
www.trinhxuanthuan.com.

Couverture : Delphine Delastre
Illustration : © NASA / Hubble
ISBN : 978-2-818-50534-2
Dépôt légal : mai 2017
Librairie Arthème Fayard/Pluriel, 2017

TRINH XUAN THUAN

Depuis les temps les plus lointains et à travers toutes les cultures, l'homme n'a cessé de conjurer son angoisse des espaces infinis en déchiffrant la mélodie secrète de l'univers, en organisant les fragments d'information épars lui parvenant du monde extérieur en un schéma cohérent et unifié. Pendant plus de vingt siècles, à partir du VIe siècle avant J.-C., l'homme a construit des modèles d'univers où la Terre trônait à la place centrale. Cet univers géocentrique régna en maître jusqu'à la Renaissance, quand la Terre fut délogée du centre du monde. Depuis, les découvertes scientifiques n'ont cessé de rapetisser la place de l'homme dans le cosmos, à la fois dans l'espace et dans le temps. Il en a résulté un sentiment de désenchantement qui a amené certains penseurs à conclure que l'émergence de la conscience dans l'univers était le simple fait du hasard, que nous n'avions aucun rôle à jouer face à l'immensité de l'univers et que notre existence n'avait aucun sens. Faut-il en désespérer ? Je ne le pense pas. Je suis d'avis, au contraire, que la cosmologie moderne a réenchanté le monde en redécouvrant l'ancienne alliance entre l'homme et le cosmos. L'homme n'a pas émergé par hasard dans un univers qui lui est totalement indifférent. Si l'univers est tellement vaste, c'est pour accommoder l'émergence d'une conscience intelligente capable d'appréhender sa beauté et son harmonie.

MON ODYSSÉE À TRAVERS LE TEMPS ET L'ESPACE

Contrairement à nombre de mes collègues, l'appel du cosmos ne s'est pas fait sentir enfant, par la contemplation du ciel grâce à un petit télescope que certains parents offrent à leur progéniture dans l'espoir d'éveiller leur curiosité scientifique. À vrai dire, les circonstances de mon enfance et de mon adolescence ne se prêtaient guère à l'astronomie. J'ai grandi à Saigon, capitale de ce qui était alors le Sud Vietnam. La pollution lumineuse des néons et d'autres sources de lumière artificielle de la métropole rendait l'observation du firmament difficile. Par une nuit sans lune, loin de toute lumière artificielle, l'œil nu peut distinguer quelque 3000 étoiles. Mais celles-ci ne peuvent plus être perçues dès que les lumières de la ville sont présentes. Aller à la campagne pour observer le ciel était hors de question. Le conflit entre le Sud Vietnam et leurs alliés américains d'un côté, et le Viet-cong et le Nord Vietnam de l'autre, faisait rage depuis 1963, créant un climat d'insécurité et de danger. Je n'ai jamais connu la paix dans mon pays pendant les dix-huit années où j'y ai vécu.

L'environnement familial ne me prédisposait pas non plus à la science. Je descends d'une longue lignée de mandarins et de lettrés, plus portés vers la littérature et la poésie que vers la physique et l'astronomie, plus familiers avec la pensée de Confucius et de

Bouddha que celle de Newton et d'Einstein, et plus rompus à l'administration qu'à la recherche scientifique[1]. Mon père, qui avait fait des études de droit – il atteindra plus tard les plus hautes sphères de la magistrature vietnamienne –, n'était pas spécialement intéressé par la science. Je n'ai pas non plus eu le déclic pour l'astronomie au lycée français Jean-Jacques Rousseau de Saigon où je faisais mes études : elle n'y était pas enseignée. Bien que doué pour les sujets littéraires, j'avais déjà une attirance certaine pour la science et en particulier pour la physique. Doté d'un esprit curieux, je ne cessais de me poser des questions sur la nature des choses et sur le fonctionnement du réel. J'avais une grande admiration pour Albert Einstein. Son ouvrage *Comment je vois le monde*[2], dans lequel il expose non seulement sa pensée scientifique mais aussi ses engagements philosophiques et politiques, constituait mon livre de chevet. Je découvris avec émerveillement un homme dont la pensée a touché de près ou de loin les deux grandes révolutions scientifiques du siècle dernier. Père de la théorie de la relativité, la physique de l'infiniment grand décrivant la naissance de l'univers et son évolution, il est aussi l'un des fondateurs de la mécanique quantique, la physique de l'infiniment petit. Ses travaux ont été également à la base de nombreuses révolutions technologiques qui ont modifié à jamais notre quotidien comme la bombe atomique ou le laser. De surcroît, Einstein ne s'est pas contenté de pratiquer sa science, retranché dans une tour d'ivoire. Passionnément humaniste, imprégné d'un sens aigu de la justice et de la responsabilité sociale, le physicien s'est aussi engagé dans les affaires du monde. Ainsi, il a ardemment milité contre l'armement atomique après la destruction de Hiroshima et Nagasaki, s'est élevé contre le militarisme, et milité pour un état palestinien coexistant de manière pacifique avec Israël. C'était donc naturellement que j'ai choisi de marcher sur les traces de mon héros et de devenir physicien.

1. Trinh Xuan Thuan, *Le Cosmos et le Lotus*, Albin Michel, 2011.
2. Albert Einstein, *Comment je vois le monde*, traduit par Régis Hanrion, « Champs », Flammarion, 2009.

Faute de moyens, la recherche en physique dans les universités vietnamiennes était pratiquement inexistante. J'étais donc contraint de m'expatrier si je voulais poursuivre des études supérieures avancées. Partir étudier à l'étranger était une possibilité ; à cette période, le gouvernement du Sud Vietnam permettait encore aux élèves doués de retarder leur service militaire jusqu'à la fin de leur cursus universitaire. Éduqué à la française, mon choix se porta naturellement sur la France, mes professeurs de lycée m'ayant vanté la qualité des institutions de recherche de renom à Paris telles l'École normale supérieure ou l'École polytechnique. Mais ces plans ne devinrent jamais réalité... Le général de Gaulle prononça en effet son fameux discours de Phnom Penh lors d'un voyage au Cambodge en 1966, l'année de mon baccalauréat. Dans ce discours, le président français avait vivement critiqué l'intervention armée des États-Unis au Vietnam, et leur demandait de mettre fin à leur présence militaire. Cette proposition ne fut pas du goût du gouvernement sud-vietnamien, conscient de ne pouvoir résister aux assauts du Viet-cong et des troupes nord-vietnamiennes sans l'aide des troupes américaines. Le Sud Vietnam décida en conséquence de rompre toute relation diplomatique avec Paris, ce qui m'empêcha d'aller étudier en France. J'ai alors décidé de m'inscrire à l'École polytechnique de l'université de Lausanne (EPUL), une école d'ingénieurs francophone réputée en Suisse romande. Mais comme le travail des ingénieurs consiste plus à utiliser les lois de la nature mises en évidence par les physiciens qu'à les découvrir, la physique enseignée à l'EPUL était plus « appliquée » que fondamentale. Or c'est la physique fondamentale qui m'attirait. Je pris alors une décision qu'on ne peut prendre qu'avec l'inconscience de ses dix-huit ans : partir étudier aux États-Unis où je ne connaissais personne et malgré une connaissance très sommaire de la langue de Shakespeare. J'ai demandé mon admission à trois prestigieuses universités américaines qui bénéficiaient d'une réputation mondiale dans le domaine de la physique : le MIT (Massachusetts Institute of Technology) à Boston, le Caltech (California Institute of Technology) à Pasadena, dans la banlieue de

Los Angeles, et l'université de Princeton. La ville de Princeton revêtait une signification particulière pour moi car Einstein, mon idole de jeunesse, y avait vécu et travaillé. Les résultats furent au-delà de toutes mes espérances : non seulement je fus admis par les trois universités, mais elles m'offrirent toutes une bourse ! Je n'avais plus que l'embarras du choix car, j'en étais persuadé, je recevrais une éducation en physique de premier ordre où que je décide d'aller. Mon choix se porta sur Caltech, en Californie, pour une raison somme toute assez futile : après avoir connu l'hiver froid et neigeux de la Suisse, et venant d'un pays tropical, j'avais envie de soleil. Et puis il y avait le mythe de la Californie que j'avais entendu maintes fois célébrée par les Beach Boys sur la radio américaine de Saigon : les belles filles en bikini, les plages qui s'étendent à perte de vue, les pratiquants du surf, la culture de la voiture, tout cela me faisait rêver...

Comme je m'y attendais, Caltech se révéla être un lieu d'exception. Au début, mon manque de maîtrise de la langue anglaise me rendit la vie difficile. Heureusement, dans les cours de science, je reconnaissais les équations, les lois de la nature étant écrites dans le langage universel des mathématiques. Mais, à dix-neuf ans, le cerveau est malléable et les difficultés de langue s'estompèrent après un trimestre. L'enseignement et la recherche dans le campus californien étaient d'une qualité sans pareille. J'eus la chance d'être formé par des professeurs hors du commun. Moi qui voulais me frotter au gratin de la physique mondiale – récipiendaires du prix Nobel, membres de l'Académie des sciences et autres –, je ne pouvais mieux demander ! Deux de mes professeurs me firent particulièrement forte impression. Le premier, le légendaire Richard Feynman, prix Nobel de physique 1965 pour ses travaux sur l'électrodynamique quantique (la théorie qui décrit les interactions entre la matière et la lumière) et l'un des physiciens les plus doués et créatifs de sa génération, était mon professeur favori. Ses cours, une sorte de *one man show*, au cours desquels il réinventait la physique à sa manière, avec une conception toujours personnelle et originale du monde, me subjuguaient et constituaient pour moi un véritable enchantement. Le second était Murray Gell-Mann, prix Nobel de physique 1969 pour sa découverte du quark, composante fondamentale de la matière. Avec l'avènement de puissantes machines bombardant la matière avec des faisceaux de particules accélérées à une vitesse proche de celle de la lumière, les années 1960 virent une prolifération de nouvelles particules élémentaires, créant une confusion extrême dans le paysage du monde atomique et subatomique. La situation était similaire à celle qui prévalait à la fin du XIXe siècle avec l'apparition de nouveaux éléments chimiques. Tel un nouveau Mendeleïev, Gell-Mann entreprit de mettre de l'ordre dans le désordre du monde de l'infiniment petit. Il postula l'existence d'une particule encore plus élémentaire que le proton et le neutron, qu'il baptisa du nom de « quark ». Avec le quark comme brique fondamentale, la fantastique variété des particules de matière pouvait se comprendre et l'harmonie fut restaurée dans le monde des particules élémentaires.

Avec des professeurs si inspirants et d'une telle envergure, il aurait été naturel que je devienne physicien des particules élémentaires. Or tel ne fut pas le cas. Un autre centre d'intérêt prenait en effet de plus en plus d'importance dans mon existence. Je découvris que Caltech n'était pas seulement l'un des premiers centres de physique sur la planète, mais aussi la « Mecque » de l'astronomie mondiale. L'université possédait à cette époque le plus grand télescope du monde, celui du mont Palomar, équipé d'un miroir de cinq mètres de diamètre. Avec bonheur, je réalisais peu à peu que Caltech possédait une longue tradition astronomique de premier ordre. L'ombre d'un des plus grands astronomes du XXe siècle, l'Américain Edwin Hubble, planait sur le campus. En effet, c'est en utilisant le télescope de deux mètres cinquante du mont Wilson, appartenant aussi à Caltech, que Hubble accomplit les deux grandes découvertes fondamentales qui le firent entrer dans la légende et qui sont à la base de la cosmologie moderne : la découverte de la nature des galaxies en 1924, et celle de l'expansion de l'univers en 1929. C'est cette dernière qui fut à l'origine de la fameuse théorie du big bang, selon laquelle l'univers est né d'une énorme explosion à partir d'un état extrêmement petit, chaud et dense il y a quelque 13,8 milliards d'années.

Mais il n'y avait pas que les découvertes du passé pour stimuler mon imagination. Les années 1960 constituaient aussi l'âge d'or de l'astrophysique. Des découvertes plus extraordinaires les unes que les autres ne cessaient de remettre en question les idées acceptées. Les quasars entrèrent en scène en 1963, mis en évidence par l'un de mes professeurs d'astronomie à Caltech. Situés à ses confins, ce sont les astres intrinsèquement les plus brillants de l'univers. Leur brillance extraordinaire vient de ce que les quasars, qui ne sont autres que des galaxies, hébergent en leurs cœurs des trous noirs supermassifs de plusieurs milliards de masses solaires. Ceux-ci dévorent à tout-va les étoiles de la galaxie-hôte, les faisant rayonner de tous leurs feux avant le plongeon final dans la bouche béante du trou noir. En 1965, ce fut le tour d'une autre grande découverte fondamentale : celle du rayonnement fossile de l'univers. Ce rayonnement, qui baigne l'univers tout entier, nous provient de la nuit des temps : il a été émis lorsque l'univers était tout jeune, en l'an 380 000 après le big bang. C'est en quelque sorte la lumière qui reste du feu de la Création. Ce fut sa découverte qui imposa la théorie du big bang comme celle décrivant le mieux les observations de l'univers, et qui relégua les cosmologies rivales au cimetière des théories mortes. En 1967, ce fut au tour des pulsars – des cadavres d'étoiles, résultant de la mort d'étoiles de quelques masses solaires – d'entrer en scène. Constitués entièrement de neutrons, ils ont la densité inimaginable de millions de milliards de grammes par centimètre cube : une cuillerée de pulsar pèse autant qu'un milliard d'éléphants ! Les pulsars sont de véritables phares célestes. Sphères de 10 kilomètres de rayon (la taille d'une grande ville), ils tournent sur eux-mêmes à des dizaines voire des centaines de fois par seconde. Leur rayonnement radio en forme d'un faisceau lumineux étroit, tel celui d'un phare, donne l'impression que l'étoile à neutrons s'allume et s'éteint chaque fois que ce faisceau balaie la Terre au cours d'une rotation, d'où son nom de « pulsar » (de l'anglais *pulse*, voulant dire « pulsation »).

Les découvertes ne concernaient pas seulement l'espace lointain. L'exploration de notre environnement proche, le système solaire, battait aussi son plein à la fin des années 1960. De nouveau, j'eus la chance d'être au bon endroit au bon moment. Le Jet Propulsion Laboratory, l'un des laboratoires de Caltech, se trouvait être le maître d'œuvre du programme d'exploration du système solaire de la NASA, consistant à envoyer des sondes spatiales vers diverses planètes. Le souvenir des premières images de Mars, envoyées par les sondes *Mariner* en 1969 et reconstituées par la magie de l'informatique sur l'écran d'une salle de classe de Caltech, est encore vif dans mon esprit. Un paysage martien désertique, aride et rocailleux se dévoilait à nos yeux émerveillés. Nous savions enfin que les petits hommes verts de la planète rouge n'existaient pas et qu'ils n'étaient que le produit de l'imagination débordante des auteurs de science-fiction.

Je me souviens enfin de l'indicible émotion de cet extraordinaire moment de juillet 1969, relayé par les télévisions du monde entier, quand l'astronaute américain Neil Armstrong posa les pieds sur la Lune en prononçant ces mots mémorables : « C'est un petit pas pour un homme, un bond de géant pour l'humanité. » Pour la première fois, l'homme s'affranchissait de la gravité de sa planète pour aller fouler le sol d'un corps céleste autre que le sien.

Cette fermentation intellectuelle, cette pléthore de découvertes, cette exploration de mondes nouveaux ne pouvaient que marquer un jeune esprit avide de connaissances, en quête d'une vocation. Mais en fin de compte, ce ne fut pas tant l'appréhension intellectuelle du cosmos, mais le contact intime et direct avec le ciel qui me fit basculer vers l'astronomie. De nouveau, la chance fut de mon côté. En parallèle de mes études, je devais travailler afin de suppléer ma bourse. Je me retrouvai dans le laboratoire d'un professeur de physique de Caltech, spécialisé dans ce que l'on appelle l'« astronomie X ». Les objets célestes n'émettent pas en effet seulement de la lumière visible, mais aussi une variété d'autres lumières qui constituent ce qui est nommé le « spectre électromagnétique ». La lumière X en est l'une des plus énergétiques. Elle est émise lorsque des événements violents se produisent dans l'univers, telle la mort explosive d'une étoile massive, qu'on appelle « supernova », ou, dans le cas du sujet de recherche de mon professeur, lorsque le gaz d'une étoile en orbite autour d'un trou noir tombe dans la bouche béante de celui-ci et est chauffé à des températures de millions de degrés. Afin d'étudier les propriétés des étoiles (qui émettent surtout dans le visible) associées aux sources X, le professeur avait le projet d'utiliser le grand télescope du mont Palomar pour photographier le ciel aux emplacements des sources X. Pour mon plus grand bonheur, il me proposa de l'accompagner afin de l'assister dans ses observations. Je n'oublierai jamais l'intense émotion qui m'envahit lorsque je vis l'immense dôme qui abritait ce télescope de légende se dresser, telle une cathédrale futuriste, au sommet de la montagne. La nuit tombée, sous une voûte céleste noir d'encre, parsemée de milliers de points lumineux brillant de tous leurs feux, alors que le grand miroir du télescope recueillait les précieuses particules de lumière qui nous apportaient les dernières nouvelles du cosmos, je ressentis pour la première fois l'immensité de l'univers. Le télescope de Palomar pouvait voir des objets des dizaines de millions de fois plus faibles que l'œil nu. Or, voir faible, c'est voir loin, et voir loin, c'est voir tôt. Et cela, parce que la propagation de la lumière n'est pas instantanée. Bien que la lumière possède la plus grande vitesse possible dans le cosmos (300 000 kilomètres par seconde, c'est-à-dire qu'elle fait sept fois le tour de la Terre en un tic d'horloge), elle a des allures de tortue à l'échelle de l'univers et les nouvelles qu'elle nous apporte sont toujours fanées. Nous ne contemplons jamais les objets célestes au présent, mais toujours au passé. Ainsi, la Lune nous apparaît telle qu'elle était un peu plus d'une seconde plus tôt, le Soleil huit minutes plus tôt, la plus proche étoile 4,3 années plus tôt, la plus proche galaxie semblable à la Voie lactée, Andromède, 2,3 millions d'années plus tôt, les plus lointains quasars une douzaine de milliards d'années plus tôt. Les télescopes sont des machines à remonter le temps, et le télescope de Palomar pouvait remonter jusqu'à 7 milliards d'années en arrière, c'est-à-dire environ la moitié de l'âge de l'univers. Je n'étais pas effrayé par ces espaces infinis. Au contraire, j'étais rempli d'un indicible sentiment de connexion cosmique.

J'avais trouvé ma voie : je deviendrais astronome. Après avoir fini mon *bachelor* (licence) à Caltech en 1970, je rejoignis l'université de Princeton pour commencer mon Ph. D. (doctorat) en astrophysique, sésame requis pour entrer dans la confrérie exclusive des chercheurs. Je l'obtins en 1974. Outre le plaisir d'être à Princeton où Einstein a passé la dernière partie de sa vie, les quatre années passées dans cette prestigieuse université me permirent de me développer en tant que scientifique. Je pus m'initier à la dure mais enivrante ascèse de la recherche. De nouveau, j'ai eu la bonne fortune d'avoir des maîtres exceptionnels qui guidèrent mes pas et m'apprirent comment poser les bonnes questions – en science, savoir formuler un problème est déjà accomplir la moitié du chemin – et comment les résoudre. En 1976, je devins professeur à l'université de Virginie, à Charlottesville où, depuis plusieurs décennies, je partage mon temps entre l'enseignement, la recherche et l'écriture. Je choisis cette université, en partie à cause de mon admiration pour son fondateur Thomas Jefferson, auteur de la Déclaration d'indépendance américaine et troisième président des États-Unis. De plus, l'université de Virginie était située sur la côte est, géographiquement plus proche de la France que la côte ouest. Je tenais en effet à maintenir un contact étroit avec l'Hexagone car j'avais pris la décision d'écrire mes ouvrages de vulgarisation scientifique dans la langue de Molière, la langue littéraire par excellence selon moi. En plus des nombreux liens familiaux et professionnels qui me faisaient souvent revenir à Paris, je ressentais l'intense besoin de me ressourcer autant que possible dans un pays dont j'aime la langue et la culture.

Je n'ai jamais regretté la décision de consacrer ma vie professionnelle à l'astronomie. Même après plus de quarante ans à exercer mon métier de « recueilleur de lumière », j'éprouve toujours le même sentiment d'éblouissement devant le ciel étoilé lors de mes pérégrinations dans les divers observatoires du monde. Des frissons parcourent toujours mon corps quand je vois l'image d'une galaxie lointaine se profiler sur l'écran de télévision dans la salle d'observation, quand je pense que la lumière qui parvient maintenant à mon télescope a commencé son voyage il y a des milliards d'années, avant même que certains atomes de mon corps ne soient fabriqués par l'alchimie nucléaire d'une étoile. L'astronomie est bien plus qu'un métier pour moi : c'est une passion. Avec le développement de télescopes toujours plus performants, et surtout avec la mise en orbite du télescope spatial Hubble en 1989, l'astronomie a fait des progrès spectaculaires qui nous ont légué une vision du cosmos radicalement différente de celle qui prévalait à mes débuts. Elle a été une source constante d'inspiration, de joie intellectuelle et d'émerveillement. Imprégné de culture confucéenne, et surtout de sa notion de *ren* qui peut se traduire par « amour de l'humain », j'ai toujours pensé qu'il était de mon devoir de transmettre mon savoir et mon émerveillement à d'autres. Je le fais d'abord par mon enseignement aux étudiants de l'université de Virginie, ensuite par mes ouvrages de vulgarisation scientifique pour le grand public. Mon travail de « passeur de connaissances » serait récompensé s'il pouvait changer la vision du monde de certains lecteurs et les aider à mieux apprécier la condition humaine dans ce vaste cosmos.

L'UNIVERS AUJOURD'HUI

La théorie du big bang, je l'ai déjà dit, s'est imposée avec la découverte du rayonnement fossile en 1965. Son existence nous dit qu'à l'origine, l'univers était extrêmement comprimé, chaud et dense. La genèse de cette théorie révolutionnaire commence avec la publication de la théorie de la relativité générale par Einstein en 1915. La relativité n'a pas seulement bouleversé nos concepts de l'espace-temps, elle a aussi permis aux physiciens de décrire, pour la première fois dans l'histoire de la pensée humaine, l'évolution de l'univers dans son ensemble en termes d'équations mathématiques. Grâce à la relativité, les physiciens pouvaient enfin construire des « modèles cosmologiques » de la totalité des univers scientifiquement possibles et conformes aux lois de la physique connue. Ils pouvaient enfin reconstituer leurs passés et prédire leurs futurs. Mais en examinant ses équations, Einstein fut confronté à une surprise de taille. Sa chère relativité prédisait que l'univers ne pouvait pas être statique comme il s'y attendait mais dynamique : le cosmos doit soit être en expansion, soit s'effondrer sur lui-même, tout comme un ballon qu'on jette en l'air doit monter ou descendre. Parler d'un univers sans mouvement reviendrait à dire que le ballon pourrait rester immobilisé, suspendu en l'air. Néanmoins, Einstein décida de se plier aux observations de l'époque qui indiquaient toutes un univers statique. Il modifia ses équations pour construire un modèle d'univers non dynamique. Action qu'il qualifia plus tard de « plus grosse erreur de sa vie » quand Hubble annonça, en 1929, sa découverte de l'expansion de l'univers. L'astronome américain remarqua en effet que toutes les galaxies lointaines s'éloignaient systématiquement de la Voie lactée. Encore plus remarquable, ce mouvement de fuite n'était pas aléatoire, mais ordonné : une galaxie s'éloigne d'autant plus vite de notre galaxie qu'elle en est plus éloignée. Conséquence fondamentale de cette proportionnalité entre distance et vitesse : chaque galaxie met exactement le même temps pour parvenir de son point d'origine à son emplacement actuel, puisque ce temps est précisément le rapport de la distance à la vitesse. Inversons maintenant le cours des événements : toutes les galaxies devaient être réunies au même endroit au même instant ! D'où l'idée d'une grande explosion – le big bang – dans le passé de l'univers, il y a quelque 13,8 milliards d'années, à partir d'un état extrêmement petit, chaud et dense. Depuis, l'univers a poursuivi son expansion et n'a cessé de se diluer et de se refroidir de plus en plus. Le mot « explosion » est trompeur puisque nous songeons à l'éclatement d'une boule de matière très compacte dans un espace préexistant, les galaxies se comportant tels des fragments de matière fuyant le centre de l'explosion. Ce qui amène inévitablement à nous demander : où est le centre de l'univers, ce fameux point où tout a commencé ? En fait, quand on parle de « l'univers en expansion », il ne faut pas s'imaginer des centaines de milliards de galaxies lancées à toute vitesse dans un espace immobile et immuable, qui aurait existé de tout temps et dont la présence serait antérieure au big bang. Dans le big bang, ce ne sont pas les galaxies qui sont en mouvement dans un espace immobile, mais un espace en expansion, créé en même temps que le big bang, qui entraîne des galaxies au repos avec lui. Ainsi, les galaxies ne « fuient » pas la Voie lactée. Elles se fuient les unes les autres. Les habitants des autres galaxies, s'ils existaient, auraient eux aussi l'illusion d'être au centre du monde. Parce que tout est centre, rien n'est centre !

Avec la théorie du big bang, l'univers acquiert une dimension historique. Il possède un passé, un présent et un futur. Il n'est plus éternel parce qu'il a eu un commencement. Utilisant les lois de la physique pour remonter le temps jusqu'au big bang, tout comme l'explorateur remonte la rivière vers sa source, les astrophysiciens ont pu esquisser une histoire de l'univers à partir du temps, dit de Planck, de 10^{-43} seconde après le big bang. Ce temps est de dix millions de milliards de milliards de milliards de fois plus court que la durée d'un flash photographique. Nous ne pouvons pas remonter le temps plus loin car devant nous se dresse un mur de la connaissance, dit « mur de Planck » (du nom du physicien qui le premier s'est penché sur ce problème), qui pour l'instant nous barre l'accès à l'origine de l'univers. Au temps de Planck, l'univers, avec un diamètre de 10^{-33} centimètre (la longueur de Planck) était infinitésimalement petit : dix millions de milliards de milliards de fois plus petit qu'un atome d'hydrogène ! Le mur de Planck ne constitue pas une limite fondamentale à notre savoir, mais il est présent à cause de notre ignorance. Nous ne savons pas pour l'instant comment unifier les deux grandes théories qui constituent les piliers de la physique contemporaine, la mécanique quantique et la relativité. La première décrit l'infiniment petit, le monde des atomes et des particules élémentaires, où la force électromagnétique et les deux forces nucléaires, forte et faible, occupent le devant de la scène et où la force de gravité ne joue pas un rôle dominant. La seconde décrit l'infiniment grand, l'univers et son contenu – planètes, étoiles et galaxies – où la force de gravité mène le bal et les trois autres forces fondamentales sont en retrait. Mais nous n'avons pas encore une théorie de « gravité quantique » qui décrit le comportement de la matière et de la lumière quand les quatre forces sont à pied d'égalité, situation qui se produit au temps de Planck. En deçà du mur de Planck se cache une réalité encore inabordable : certains physiciens pensent que l'espace se dissout en une sorte de mousse quantique informe où le couple temps-espace, si solidement soudé dans notre monde actuel, n'est plus. « Avant » le big bang, il pourrait aussi bien exister une durée infinie qu'une absence totale de temps. Ou, dans le cas d'un univers cyclique, le big bang ne serait que le commencement d'un nouveau cycle parmi une infinité de cycles.

L'univers a une histoire, et celle-ci nous concerne au plus haut point puisqu'elle débouche sur nous. L'épopée du cosmos est aussi la nôtre car nous sommes les enfants des étoiles. Grâce aux avancées scientifiques, nous disposons aujourd'hui d'une grande fresque historique qui se déploie sur quelque 13,8 milliards d'années, toujours magnifique et sans cesse fascinante. La représentation de l'univers par l'homme a profondément changé au cours des âges. Il y a quelques dizaines de milliers d'années, l'homme vivait dans un univers magique peuplé d'esprits – l'esprit Soleil pendant le jour, les esprits Lune et étoiles pendant la nuit, les esprits arbres, fleurs et rivières sur Terre – bref un univers familier et réconfortant, à la mesure de l'homme et en symbiose avec lui. Avec l'accumulation du savoir, l'innocence disparut, les esprits désertèrent la planète et l'alliance entre l'homme et la nature fut rompue. L'univers magique humain se mua en un univers mythique surhumain sur lequel régnaient les dieux. Tout phénomène naturel, y compris la création de l'univers, résultait des actions de ces dieux. Avec l'univers mythique, la religion fit son entrée. La communication avec les dieux ne pouvait plus se faire directement, comme c'était le cas avec les esprits de l'univers magique, mais seulement par l'intermédiaire d'individus privilégiés, les prêtres. Cette association cosmologie-religion dura près de trois millénaires jusqu'à ce que l'univers scientifique apparaisse avec les Grecs, vers le VIe siècle avant notre ère. Cet univers nous accompagne encore aujourd'hui.

La cosmologie moderne nous dit que l'univers est né du vide. Pas un vide calme et tranquille, dépourvu de toute substance et activité, mais un vide quantique rempli d'énergie. Cette énergie du vide primordial va propulser l'univers dans une folle expansion que les astrophysiciens appellent « inflation ». Pendant une minuscule fraction de seconde, de 10^{-34} à 10^{-32} seconde, l'univers va croître de façon exponentielle en doublant de taille cent fois de suite : il passe d'une taille infinitésimalement petite (un dixième de millionième de milliardième de milliardième de la taille d'un atome) à celle d'un ballon de football. Après la période inflationnaire, l'univers va poursuivre son expansion, mais à un rythme considérablement plus mesuré. L'énergie du vide va de nouveau jouer un rôle fondamental dans l'évolution de l'univers : elle va donner naissance à tout son contenu matériel. Einstein nous a en effet enseigné qu'une quantité d'énergie peut être convertie en une particule de matière (dont la masse est égale à la quantité d'énergie divisée par le carré de la vitesse de la lumière). Des particules élémentaires (comme des quarks, des électrons ou des neutrinos) surgissent du vide initial, à partir de minuscules fluctuations quantiques. Elles vont s'assembler pour former des structures de plus en plus complexes au fil du temps. Cette évolution de la simplicité du vide primordial vers la complexité du monde actuel est possible grâce à l'expansion de l'univers. En se diluant, l'univers qui, au temps de Planck, était plus chaud que tous les enfers que Dante aurait pu imaginer (sa température était de 10^{32} degrés Kelvin, soit le chiffre 1 suivi de 32 zéros), se refroidit considérablement. Après la période inflationnaire, à 10^{-32} seconde, sa température a déjà chuté d'un facteur de 100 000, à 10^{27} degrés Kelvin. Après 3 minutes, elle est d'un million de degrés Kelvin, et en l'an 380 000 de 3 000 degrés Kelvin, ce qui est un peu moins chaud que la surface du Soleil. Aujourd'hui, après une évolution de 13,8 milliards d'années, l'espace intergalactique n'a plus que la température frigorifique de 3 degrés Kelvin, soit - 270 degrés centigrades. Ce refroidissement va favoriser la formation de structures de plus en plus complexes. En effet, une haute température se traduit par des mouvements violents ; chaque fois qu'une structure se forme, une collision la détruit immédiatement, et tout est à refaire. Au fil du temps, l'univers se refroidit, les mouvements des particules deviennent moins violents, ce qui permet aux quarks de s'assembler trois par trois au bout de trois minutes pour former des noyaux d'atomes d'hydrogène et d'hélium. En l'an 380 000, ceux-ci se combinent à leur tour avec des électrons pour former des atomes : les trois quarts de la masse de l'univers sont alors composés de gaz d'hydrogène et le quart restant de gaz d'hélium. La gravité va ensuite entrer en action pour façonner l'infiniment grand. Au cours du premier milliard d'années après le big bang, les nuages gazeux d'hydrogène et d'hélium s'effondrent sous l'effet de leur gravité, comprimant leurs cœurs et les chauffant à des dizaines de millions de degrés. Les réactions nucléaires s'enclenchent, libérant des flots d'énergie qui illuminent les nuages gazeux : les premières étoiles sont nées. La gravité poursuit son œuvre. Les étoiles vont ensuite s'assembler par centaines de milliards en galaxies, et les centaines de milliards de galaxies de l'univers observable vont se regrouper en amas et superamas pour tisser une immense architecture dans le cosmos. Dans une de ces galaxies, appelée Voie lactée, près d'une étoile appelée Soleil, sur une planète nommée Terre, l'homme est apparu, capable de s'interroger sur l'univers qui l'a engendré. Parce que les galaxies, les étoiles, les planètes et les hommes sont ainsi nés de microscopiques fluctuations du vide quantique du début, nous sommes en quelque sorte les descendants de fluctuations quantiques primordiales. Nous sommes les enfants issus du mariage de l'infiniment petit et de l'infiniment grand, le fruit de l'union du flou quantique et de l'inflation qui a considérablement amplifié ces fluctuations quantiques.

Le nombre total d'étoiles dans l'univers nous donne le tournis : chaque galaxie contient cent milliards de soleils, et il existe cent milliards de galaxies dans l'univers observable, ce qui donne dix mille milliards de milliards d'étoiles. Et pourtant, la matière lumineuse (celle qui nous est visible, et dont la lumière vient de la fusion nucléaire au cœur des étoiles) ne représente qu'une infime fraction (0,5 %) du contenu total de l'univers ! Les astrophysiciens se sont aperçus que nous vivons dans un univers-iceberg dont la quasi-totalité du contenu nous échappe encore. En effet, une grande partie de la matière de l'univers n'émet aucune lumière visible. La présence de cette matière « noire » a été révélée par l'observation des mouvements des étoiles et du gaz dans les galaxies, et ceux des galaxies dans leurs amas. Leurs mouvements sont trop grands pour que la seule gravité de la matière lumineuse puisse les retenir dans leur environnement. En d'autres termes, avec seulement la matière lumineuse, les galaxies et amas de galaxies devraient se désagréger. Or tel n'est pas le cas. Pour que les galaxies puissent retenir leurs étoiles et les amas leurs galaxies, il est indispensable que les galaxies et amas de galaxies contiennent de la matière noire qui n'émet aucun rayonnement visible et qui se manifeste seulement par la gravité qu'elle exerce. Les astrophysiciens ont pu déterminer que la masse de cette matière noire est quelque 63 fois plus grande que la masse de la matière lumineuse. Autrement dit, la matière noire constitue presque un tiers (31,5 %) du contenu de l'univers. Le renard ne croyait pas si bien dire quand il déclarait au Petit Prince de Saint-Exupéry : « L'essentiel est invisible pour les yeux. »

La matière noire est omniprésente. Elle envahit toutes les structures connues de l'univers, des chétives galaxies naines jusqu'aux superamas les plus gigantesques. Elle n'a cessé de hanter la conscience des astrophysiciens depuis sa découverte dans les années 1930, et, avec une grande réticence, ils ont dû se plier à l'idée d'un univers-iceberg. Mais il existe une différence de taille entre l'iceberg et l'univers : nous savons que la partie immergée de l'iceberg est faite de glace, tandis que la nature de la plus grande partie de la matière noire reste enveloppée de mystère et demeure un défi pour l'esprit humain. Quelle est la nature de cette matière noire ? De ces 31,5 %, les astronomes pensent que seulement 4,5 % sont faits de matière « ordinaire », c'est-à-dire qu'elle est composée de protons, de neutrons et d'électrons comme les livres, les coquelicots des champs et nous. Cette matière noire ordinaire réside très probablement dans des nuages d'hydrogène froid éparpillés dans l'espace intergalactique ou sous forme d'hydrogène chaud dans les amas de galaxies. Les 27 % restants sont constitués non pas de matière noire ordinaire mais d'une mystérieuse matière noire « exotique » dont la nature nous reste inconnue : privés de lumière, nous sommes littéralement dans le noir ! Les physiciens pensent que cette matière noire exotique est constituée de particules très massives et interagissant très faiblement avec la matière, nées dans les premières fractions de seconde après le big bang. Elles portent des noms plus poétiques les unes que des autres : photino, neutralino ou encore higgsino. Les chercheurs se sont mis fébrilement à les traquer, mais, pour l'instant, aucune n'a daigné se manifester. Cerner la nature de la matière noire exotique demeure l'un des grands défis de l'astrophysique contemporaine.

Avec le recensement de la matière lumineuse et de la matière noire, nous avons pu rendre compte de 32 % (0,5 % + 31,5 %) du contenu de l'univers. Mais où sont donc passés les 68 % qui restent ? Jusqu'en 1998, les astrophysiciens n'en avaient pas la moindre idée. En cette année, ils firent une découverte qui bouleversa l'astronomie : l'expansion de l'univers, au lieu de décélérer comme on l'a communément pensé, était au contraire en accélération ! C'est comme si, dans votre voiture, vous appuyez sur la pédale d'accélération au lieu du frein ! Si l'univers ne contient que de la matière, qu'elle soit lumineuse ou non, ordinaire ou exotique, son mouvement d'expansion devrait nécessairement décélérer parce que la matière exerce une force de gravité attractive qui freine. Le fait que l'expansion accélère veut dire qu'il existe dans l'univers « quelque chose » d'autre, qui exerce une force anti-gravité et qui est non pas attractive mais répulsive. Cette force répulsive fait que l'univers va continuer à se diluer et à se refroidir au cours d'une expansion éternelle. De nouveau, nous sommes dans l'obscurité complète quant à la nature de cette force répulsive. Faute de plus d'informations et pour dissimuler leur ignorance, les astrophysiciens la nomment « énergie noire ».

Nous vivons ainsi dans un étrange et merveilleux univers qui, en dépit du progrès extraordinaire de nos connaissances, nous échappe encore presque entièrement. L'univers remet ainsi l'ego humain à sa place : malgré tout le savoir acquis, notre ignorance est considérable car nous ne connaissons que 5 % de son contenu (0,5 % de matière lumineuse plus 4,5 % de matière noire ordinaire). La plus grande partie de l'univers (95 % dont 27 % de matière noire exotique et 68 % d'énergie noire) reste enveloppée d'un mystère total.

LE RAPETISSEMENT DE L'HOMME DANS L'ESPACE ET LE TEMPS

En même temps que notre vision de l'univers s'est profondément modifiée, notre relation avec lui a aussi évolué. Pendant très longtemps, l'homme s'est cru au centre du monde et pensait que l'univers avait été créé pour son seul usage et bénéfice. La tentation d'un univers géocentrique était bien compréhensible : quoi de plus naturel, en contemplant les trajectoires des objets célestes d'est en ouest, nuit après nuit, que de supposer que la Terre trône au centre de l'univers, le Soleil, la Lune, les planètes et les étoiles tournant autour d'elle ? Au IVe siècle av. J.-C., Platon proposa un modèle d'univers avec la Terre immobile au centre d'une immense sphère extérieure portant planètes et étoiles. L'univers était fini et limité par cette sphère, dotée d'un mouvement de rotation quotidien pour rendre compte du mouvement des objets célestes. Au fil du temps, les Grecs s'aperçurent que cet univers à deux sphères ne pouvait expliquer le comportement des planètes. Pour tenter de « sauver les apparences » coûte que coûte, ils complexifièrent leur modèle à souhait : l'univers à deux sphères de Platon se transforma en l'univers de Ptolémée au IIe siècle avec quelque trente-trois sphères. À la sphère terrestre et à celle des étoiles vint s'ajouter une sphère par planète. Chaque sphère planétaire était à son tour attachée à des sphères supplémentaires, et c'était la combinaison du mouvement de rotation de ces sphères multiples qui était censée expliquer les mouvements planétaires. La Terre occupa ainsi le centre de l'univers pendant près de deux mille ans. Mais, malgré l'ajout de sphères supplémentaires, les observations de plus en plus précises des positions des planètes mettaient à mal l'univers géocentrique. Tant et si bien qu'en 1543, le chanoine polonais Nicolas Copernic déclencha une révolution intellectuelle dont nous ressentons encore les conséquences aujourd'hui. Il délogea la Terre de sa place centrale dans l'univers et la remplaça par le Soleil. La Terre se trouva reléguée au rang d'une simple planète tournant autour de notre astre comme toutes les autres planètes du système solaire. L'univers héliocentrique asséna un rude coup à l'orgueil humain. L'homme perdait sa place centrale dans le cosmos. Il n'était plus l'enfant chéri de Dieu et l'univers n'avait pas été créé uniquement pour lui. L'homme occidental se consolait en songeant à sa filiation céleste. Il était, après tout, le descendant d'Adam et Ève, eux-mêmes engendrés par Dieu. Au XIXe siècle, Charles Darwin ne lui laissa même pas cette consolation. Selon le naturaliste anglais, les origines de l'homme étaient beaucoup moins nobles : en remontant le temps, nos ancêtres furent tour à tour des primates, des reptiles, des poissons, des invertébrés, pour aboutir à des cellules primitives. Cette unité de la vie a été confirmée de façon spectaculaire au XXe siècle par les biologistes moléculaires, comparant la structure et le fonctionnement des molécules géantes dans divers organismes vivants.

Mais l'ego humain ne s'avouait pas vaincu. Si la Terre n'était pas au centre du monde, le Soleil devait sûrement l'être. Patatras ! Les astronomes démontrèrent que notre astre n'était qu'une étoile parmi les quelque deux cents milliards qui composaient la Voie lactée, disque aplati de quelque 100 000 années-lumière de diamètre. Le Soleil n'occupait nullement la place centrale, mais était situé dans la lointaine banlieue, à quelque 26 000 années-lumière du centre galactique. Nullement découragés, certains se disaient que si notre Soleil n'était pas au centre du monde, notre galaxie devait l'être. En d'autres termes, l'univers tout entier devait être inclus dans la Voie lactée. Au début du XXe siècle, le débat faisait rage : l'univers finissait-il avec la Voie lactée ou s'étendait-il bien plus loin ? Existait-il d'autres systèmes semblables, des « univers-îles » comme le philosophe allemand Emmanuel Kant les appelait, au-delà des limites de cette dernière ? La réponse fut apportée par l'astronome américain Edwin Hubble qui démontra que la distance de la galaxie d'Andromède (dont la valeur moderne est de 2,3 millions d'années-lumière) était bien plus grande que le diamètre de 100 000 années-lumière de la Voie lactée. Les portes de l'univers extragalactique s'ouvrirent alors toutes grandes et nous savons aujourd'hui que la Voie lactée n'est qu'une parmi les centaines de milliards de galaxies qui peuplent l'univers observable.

Le fantôme de Copernic est loin d'avoir fini sa mission. Jusqu'ici, quand nous utilisions le mot « univers », nous entendions « univers observable », c'est-à-dire l'ensemble de tout ce qui peut être accessible à nos instruments. Pourtant, les avancées théoriques des dernières décennies ont contraint les astrophysiciens à considérer l'étrange notion d'univers « parallèles » au nôtre, qui nous sont inaccessibles soit en partie, soit en totalité, soit de manière temporaire, soit pour l'éternité, le tout formant un vaste et fantastique « multivers[3] ». Il existe aujourd'hui au moins trois théories qui suggèrent l'existence d'un multivers. Ainsi, la théorie « des univers qui bifurquent » dit que l'univers se divise en deux copies presque identiques chaque fois qu'il y a alternative de choix ou d'action : dans un univers vous resterez à la maison à lire ce livre, et dans un autre vous irez jouer au tennis. Une deuxième théorie, celle du multivers inflationnaire, propose que l'inflation – la vertigineuse expansion de l'espace primordial en une minuscule fraction de seconde – ne se soit pas produite seulement une seule fois, en un seul endroit, mais une infinité de fois en une infinité de points dans l'espace, chaque expansion donnant lieu à une bulle-univers différente. Dans

3. Trinh Xuan Thuan, *Désir d'Infini*, Fayard, 2013.

ce schéma, notre univers ne serait plus unique, mais deviendrait une bulle-univers parmi une infinité d'autres dans un méta-univers. Enfin une troisième théorie, celle des cordes, préconise que les particules élémentaires qui constituent le monde ne soient pas des objets ponctuels, sans extension spatiale ni structure interne, mais résultent de vibration de cordes incommensurablement petites, de 10^{-33} centimètre, la longueur de Planck. Selon cette théorie, notre univers serait une « 3-brane » (contraction du mot « membrane ») à trois dimensions spatiales, existant dans un hyper-espace qui contient une infinité d'autres univers parallèles eux aussi en forme de branes. Ces univers parallèles ne seraient plus seulement des 3-branes comme le nôtre, mais des univers dotés de toutes les dimensionnalités possibles comprises entre 1 et 9. Ils formeraient le multivers des branes.

Avec le multivers, le fantôme de Copernic continue à frapper très fort. La place de l'homme dans le cosmos est davantage restreinte car l'univers qui l'héberge se perd à son tour parmi l'infinité d'univers parallèles du multivers. La variété de ces derniers défie l'imagination : d'aucuns seraient très semblables au nôtre, n'en différant par exemple que par la position ou la vitesse d'un électron ; ils seraient régis par les mêmes constantes et lois physiques que le nôtre ; d'autres seraient régis par des lois totalement autres, auraient un nombre différent de dimensions spatiales et des évolutions totalement dissemblables à celle du nôtre. L'immense majorité de ces univers parallèles ne réunirait pas les conditions propres à héberger la vie et la conscience.

Les avancées scientifiques ont donc réduit à néant la place de l'homme dans l'univers. Loin d'être le centre du monde, sa planète n'est plus qu'un petit grain de sable perdu dans le vaste océan cosmique. Ce rapetissement dans l'espace s'accompagne d'un rapetissement dans le temps. L'homme ne représente qu'un clin d'œil dans l'évolution de l'univers. Si la magnifique épopée de 13,8 milliards d'années du cosmos était comprimée en une seule année, le big bang aurait lieu le 1er janvier, la Voie lactée se serait formée le 1er avril et le système solaire et notre planète ne feraient leur apparition que le 9 septembre, après que les trois quarts de l'année se furent écoulés. L'évolution du vivant sur Terre surviendrait seulement dans la deuxième moitié du dernier mois de l'année : les premiers poissons et vertébrés entreraient en scène le 19 décembre, les premières plantes le 20 décembre, les premiers insectes le 21 décembre, les premiers reptiles le 24 décembre, les premiers dinosaures le 26 décembre, les premiers mammifères le 27 décembre, et les primates, nos cousins les plus proches, le 30 décembre. Quant à l'espèce humaine, tout son développement se déroulerait au soir du 31 décembre. Les premiers hommes marcheraient dans la savane africaine une heure et demie avant la fin de l'année. Maintes choses se dérouleraient dans la dernière minute de l'année : l'invention des outils en pierre à 23 h 59 min 26 s, de l'agriculture à 23 h 59 min 37 s, de l'astronomie à 23 h 59 min 50 s. De grands sages viendraient pour guider leurs semblables dans la vie spirituelle : Bouddha à 23 h 59 min 55 s et le Christ à 23 h 59 min 56 s. Nous voici maintenant à minuit. Nous avons découvert la relativité et la mécanique quantique, reconstitué l'histoire du big bang, marché sur la Lune et, grâce à Internet, connecté la Terre entière en un village électronique global. Mais l'intelligence étant à double tranchant, nous avons aussi acquis la capacité de nous autodétruire par l'armement nucléaire et par la perturbation de l'équilibre écologique de notre planète.

UN UNIVERS CONSCIENT DE LUI-MÊME

L'homme semble donc être réduit à l'insignifiance face à l'immensité de l'espace et du temps. L'univers n'a que faire de lui, et il n'a aucun rôle à y jouer. L'émergence de la vie n'a été qu'un simple accident de parcours dans la longue marche de l'univers. L'apparition de la conscience n'est qu'un phénomène contingent qui aurait pu fort bien ne pas se produire. Le cosmos se soucie comme d'une guigne de notre présence. Le fait que nous soyons là est le résultat du pur hasard et ne revêt aucune signification particulière. C'est la position philosophique adoptée par nombre de mes collègues. C'est celle du biologiste français Jacques Monod qui l'a résumée ainsi : « L'ancienne alliance est rompue ; l'homme sait enfin qu'il est seul dans l'immensité indifférente de l'univers d'où il a émergé par hasard. Non plus que son destin, son devoir, n'est écrit nulle part[4] ». Cette attitude métaphysique nie tout sens à notre existence et entraîne le désespoir. Je ne partage pas ce point de vue. Je pense au contraire que les découvertes de la cosmologie moderne ont réenchanté le monde, qu'elles ont apporté « comme un chant d'espérance[5] ». Au contraire d'une alliance rompue, je suis plutôt d'avis que l'astrophysique a redécouvert l'ancienne connexion entre

4. Jacques Monod, *Le hasard et la Nécessité*, Le Seuil, 1970.

5. Jean d'Ormesson, *Comme un chant d'espérance*, Éditions Héloïse d'Ormesson, 2014.

l'homme et le cosmos. Elle l'a fait en nous précisant que nous sommes tous poussières d'étoiles.

Pendant les trois premières minutes après le big bang, l'univers a pu fabriquer surtout deux éléments chimiques, l'hydrogène et l'hélium[6]. Si l'univers s'en était tenu là, nous ne serions pas ici pour en parler. En effet, les chaînes en double hélice des molécules d'ADN qui portent le code génétique, et les centaines de milliards de neurones de notre cerveau, nécessitent des éléments chimiques autrement plus complexes que l'hydrogène et l'hélium pour se constituer. Pour accéder à la complexité, l'univers invente alors les étoiles. Il recrée au cœur d'innombrables boules gazeuses les températures et densités fantastiques qui régnaient pendant les premières minutes de son existence. Avec cependant une différence de taille : emprisonnés par la gravité des étoiles dans un milieu dense qui favorisent leurs rencontres, les constituants de la matière (protons et neutrons) disposent de tout le temps nécessaire pour se rencontrer et fusionner, sans avoir à constamment lutter contre l'expansion de l'univers qui les éloignait inexorablement les unes des autres à mesure que les secondes s'égrenaient après le big bang. L'alchimie nucléaire des étoiles massives (une dizaine de masses solaires ou plus) va faire venir au monde des éléments chimiques plus complexes, tels le carbone, l'oxygène ou l'azote qui, avec l'hydrogène formeront plus de 90 % des atomes de notre corps. Naissent aussi d'autres éléments familiers et vitaux pour notre bien-être comme le sodium, le magnésium, l'aluminium ou encore le calcium. Mais les étoiles massives ne pourront pas aller jusqu'au bout du chemin : elles ne parviendront pas à fabriquer des éléments chimiques plus lourds que le fer. Cette tâche revient aux supernovae, explosions géantes libérant pendant quelques jours autant d'énergie qu'une galaxie entière de 100 milliards d'étoiles, qui marquent la mort de ces étoiles massives.

6. Une très petite quantité de deutérium et de lithium est aussi produite.

Une soixantaine d'éléments viennent au monde pendant l'agonie explosive de l'étoile massive. Saluons la venue de l'or et de l'argent, compagnons du luxe et de la richesse, du mercure qui équipe les thermomètres, ou encore de l'uranium, composant des bombes atomiques. Ainsi, ce sont les étoiles qui, au cours de leur vie et de leur mort, sont responsables de toute la panoplie des éléments chimiques qui sont responsables de la beauté et de la complexité du monde. Parce que la totalité des êtres vivants est constituée des mêmes éléments chimiques, nous sommes tous poussières d'étoiles. Les étoiles sont nos lointains ancêtres et nous partageons tous la même généalogie cosmique. Nous sommes les frères des lions de savane et les cousins des coquelicots des champs.

Autre indice parlant : le fait que l'univers ait été réglé de façon extraordinaire pour que les étoiles puissent se former, fabriquer les éléments chimiques nécessaires à la vie et à la conscience, et permettre l'apparition de l'homme dans l'univers. Cet énoncé est connu sous le nom de « principe anthropique », du grec *anthropos* qui veut dire « homme[7] ». Le terme « anthropique » n'est pas ici tout à fait approprié car il sous-entend que l'univers serait réglé pour la seule apparition de l'homme. Les extraterrestres, s'ils existent, ou les dauphins et les chimpanzés seraient en droit de protester. Une désignation plus appropriée serait peut-être « principe de complexité ». La cosmologie moderne s'est rendu compte que l'univers contient en germe, dès sa naissance, les conditions requises pour l'émergence d'un être vivant. Inévitabilité de la vie que le physicien Freeman Dyson a exprimée avec éloquence : « L'univers savait quelque part que l'homme allait venir[8] ». La précision du réglage des lois, des constantes physiques et des propriétés de l'univers à sa naissance est proprement stupéfiante. Considérons par exemple la

7. Il s'agit ici de la version dite « forte » du principe anthropique. Il existe aussi une version « faible », moins intéressante : « Les propriétés de l'univers doivent être telles qu'elles permettent notre existence » ce qui est à mon sens presque une tautologie.

8. Freeman Dyson, *Les Dérangeurs de l'univers*, Payot, 1987.

densité initiale de matière, lumineuse et noire, dans l'univers. Si cette densité est trop élevée, la gravité qu'elle exercerait serait trop grande et stopperait l'expansion de l'univers. Dépendant de la valeur exacte de la densité, l'univers s'effondrerait sur lui-même au bout d'un million d'années, voire même d'une année. Ce laps de temps serait trop court pour que les étoiles naissent et fabriquent les éléments chimiques indispensables à la vie. À l'inverse, si la densité est trop petite, la gravité serait trop faible pour faire s'effondrer les nuages d'hydrogène et d'hélium issus du big bang et former des étoiles. Et sans étoiles, pas d'éléments lourds et donc impossibilité de vie. Tout se joue en fonction d'un équilibre extrêmement délicat ; changez la densité initiale de l'univers d'un millionième de milliardième de milliardième de milliardième de milliardième de milliardième de milliardième (10^{-60}) et son destin bascule : il ne peut plus héberger la vie. Même si le réglage des autres conditions initiales et constantes physiques n'est pas aussi spectaculaire, la conclusion demeure : un changement infime et l'univers devient stérile. Dès son début, celui-ci a été réglé de façon extrêmement précise pour l'apparition de la vie.

J'irai encore plus loin : l'univers primordial portait en germe non seulement la vie, mais aussi la conscience. Deux arguments me font penser ainsi. Le premier a trait à la mécanique quantique, la physique de l'infiniment petit. Selon celle-ci, l'observateur et l'objet observé (ici l'univers à sa naissance) ne sont pas des entités radicalement distinctes, mais indissolublement liées. Le simple fait d'observer modifie la réalité observée et en crée une nouvelle. Parce que l'observateur et l'univers observé sont interdépendants, il était inévitable qu'un être conscient (cela peut être l'homme ou E.T. s'il existe) apparaisse dans l'univers pour donner un sens à son existence. Dans cette optique, nous pouvons penser que la conscience participe par sa présence à la genèse même de l'univers car sans elle, le cosmos n'aurait pas lieu d'être. C'est ce que le physicien américain John Wheeler appelle le « principe anthropique participatoire». Le deuxième argument est lié au fait étonnant que l'univers nous soit compréhensible et intelligible. Après tout, le développement du vivant sur Terre aurait pu très bien s'arrêter au niveau des bactéries ou des insectes. Ces organismes vivants n'auraient pas eu la capacité mentale nécessaire pour comprendre l'univers, pour se rendre compte que le cosmos est bien plus qu'une juxtaposition d'événements complètement déconnectés les uns des autres. Ils auraient été incapables de percevoir les régularités de la nature et n'auraient pas eu la moindre idée du code cosmique. Ils auraient subi aveuglément les lois de l'univers sans jamais les appréhender. Mais tel n'a pas été le cas : l'évolution a mené à l'homme, doué d'une «déraisonnable efficacité» à comprendre l'univers. Ces deux constats me font penser que la conscience est plus qu'un heureux hasard de l'évolution cosmique. Elle a été «programmée» dans l'univers, tout comme celui-ci a été réglé de façon extrêmement précise dès sa naissance pour héberger la vie. Le cosmos n'a de sens que s'il contient une intelligence capable de percevoir sa beauté et son organisation.

Que penser de ce réglage d'une précision à couper le souffle? Résulte-t-il du hasard ou de la nécessité? Ceux qui optent pour le hasard ont beau jeu d'invoquer le multivers. Dans ce scénario, notre univers n'est qu'un parmi une infinité d'univers parallèles, chacun avec sa propre combinaison de lois et constantes physiques et de conditions initiales. Une très grande majorité de ces univers parallèles posséderaient une combinaison perdante et seraient stériles, dépourvus de vie et de conscience. À l'exception du nôtre où, par pure chance, la combinaison gagnante est sortie ; nous sommes en quelque sorte le gros lot. C'est comme si nous jouions à la loterie une infinité de fois : il est inéluctable qu'un beau jour nous décrochions le jackpot. Mais il y a un hic à ce scénario, et de taille : le multivers est inaccessible à l'observation. Et cela, parce que, tout comme la vue du navigateur est limitée par l'horizon de l'océan, la vision de l'astronome ne peut s'étendre au-delà de l'horizon cosmologique qui délimite l'univers observable. Au-delà de cet horizon, la lumière des galaxies n'a plus le temps de nous parvenir pendant les 13,8 milliards d'années d'existence de l'univers. Cet horizon se situe à une distance de 47 milliards d'années-lumière de la Terre[9]. Il constitue une limite fondamentale qui ne peut être surmontée ni par les progrès technologiques ni par la construction de télescopes plus grands et plus perfectionnés, car elle résulte des facteurs conjugués de la vitesse finie de la lumière et de l'âge de l'univers. Les astrophysiciens estiment que l'univers observable possède un rayon deux millions de milliards de milliards de fois (2×10^{24}) inférieur au rayon de l'univers entier. Si ce dernier était ramené à la taille de la Terre, sa partie observable serait d'une dimension deux millions de fois inférieure à celle d'un proton ! Si, à cause de l'horizon cosmologique, nous ne pouvons voir qu'une partie infime de notre univers, il est bien évident qu'observer la lumière provenant d'univers parallèles bien plus éloignés est hors de question. Le multivers semble donc échapper à l'observation directe.

La science repose sur la méthode expérimentale qui consiste en un va-et-vient constant entre l'observation et la théorie. Cela n'est pas le cas pour la théorie du multivers car, en l'état actuel de nos connaissances, aucune expérience ou observation ne semble jamais pouvoir venir la contredire. Ce concept apparaît donc non « réfutable », pour employer le terme de Karl Popper, et donc non scientifique. Sans preuve expérimentale, la physique a tôt fait de s'enliser dans la métaphysique. Je suis donc amené à rejeter la notion du multivers et à miser sur l'existence d'un seul univers. Comment rendre compte alors de l'extraordinaire réglage des propriétés de l'univers primordial afin de permettre l'émergence de la vie et de la

9. Cette distance est plus grande que 13,8 milliards d'années-lumière à cause de l'expansion de l'univers. Une galaxie située à l'horizon cosmologique était bien à la distance de 13,8 milliards d'années-lumière quand sa lumière a commencé son voyage vers la Terre, mais aujourd'hui, 13,8 milliards d'années plus tard, l'expansion de l'univers l'a éloignée à une distance de 47 milliards d'années-lumière.

conscience ? Est-ce le produit du hasard ou de la nécessité ? L'hypothèse du hasard n'est plus permise, car, en éliminant l'hypothèse du multivers, nous ne disposons plus d'une infinité d'univers parallèles avec toutes les combinaisons possibles de constantes physiques et de conditions initiales. Dans le cas d'un seul univers, le nôtre, je dois faire appel à la nécessité, c'est-à-dire à un « principe créateur » responsable du réglage extrêmement précis de l'univers. Pour moi, ce principe ne se représente pas par un Dieu barbu personnifié, mais se définit plutôt comme un principe panthéiste qui se manifeste dans les lois de la nature, tel que décrit par Spinoza et Einstein.

Le pari que je fais est la version moderne de celui de Pascal sur l'existence de Dieu. Pionnier de la théorie moderne des probabilités, le mathématicien et philosophe aimait à utiliser des arguments probabilistes pour convaincre les athées de parier sur son existence. Il raisonnait comme suit : soit nous croyons en l'existence de Dieu, soit nous n'y croyons pas. Le meilleur pari à faire est de croire en Dieu, car s'il existe vraiment, le gain sera infini, alors que s'il n'existe pas, la perte sera finie et minimale. Le pire choix serait de parier sur l'athéisme, car si Dieu existe, la perte serait infinie, alors que s'il n'existe pas, la perte ne serait que finie. De même, si les univers parallèles n'existent pas, si un principe créateur est nécessaire pour rendre compte du réglage de l'univers pour l'émergence de la conscience, conférant « comme un chant d'espérance » à notre existence, le gain serait infini. En revanche, si les univers parallèles existent, si le réglage est accidentel, si nous sommes ici par hasard et si notre existence n'a aucun sens, la perte resterait finie. Je parie donc sur la nécessité.

Je suis en permanence émerveillé par la beauté, l'harmonie et l'unité du cosmos. L'univers est beau, non seulement parce qu'il contient de multiples objets qui nous éblouissent de leurs splendeurs – arcs-en-ciel, couchers de soleil, pouponnières stellaires et autres galaxies spirales –, mais aussi parce qu'il est cohérent et ordonné. Si l'univers était totalement chaotique, si ses régularités ne pouvaient pas être décrites par des lois physiques, je ne pourrais pas faire de science. L'univers est harmonieux car les lois physiques qui le régissent semblent ne varier ni dans l'espace ni dans le temps : les lois qui dictent le comportement des phénomènes physiques sur Terre, cette minuscule enclave perdue dans l'immensité du cosmos, contrôlent aussi celui des galaxies les plus lointaines. Enfin, l'univers tend vers l'Un : au fur et à mesure des progrès de la physique, des phénomènes que l'on croyait totalement distincts ont pu être unifiés. Ainsi, Aristote pensait que le ciel et la Terre étaient gouvernés par des lois physiques totalement différentes. Au XVIIe siècle, Newton a unifié ciel et Terre en démontrant que c'est la même force de gravité universelle qui dicte la chute d'une pomme dans le verger aussi bien que les mouvements des planètes autour du Soleil. L'électricité et le magnétisme ont été unifiés par Maxwell au XIXe siècle, et le temps et l'espace par Einstein au XXe siècle. À l'aube du XXIe siècle, les physiciens s'acharnent à unifier les quatre forces fondamentales de la nature en une seule superforce. Il est difficile pour moi de penser que cette beauté, cette harmonie et cette unité résultent du pur hasard. Si un jour des observations viennent sans ambiguïté étayer le concept du multivers, je serai prêt à reconsidérer l'hypothèse du hasard. Pour l'instant, je préfère de loin parier sur la nécessité afin de rendre compte de notre présence dans ce vaste et merveilleux cosmos. Nous avons un rôle essentiel à y jouer : celui de donner un sens à l'univers en comprenant son origine et son évolution. À nous de ne pas créer du non-sens en rendant notre belle planète bleue invivable et en nous autodétruisant.

JEAN D'ORMESSON

ÉCRIVAIN, MEMBRE DE L'ACADÉMIE FRANÇAISE

Outre la grande satisfaction de pouvoir agir en « passeur de connaissance », mon activité de vulgarisateur me procure l'immense plaisir de rencontrer des personnalités remarquables. La rencontre avec Jean d'Ormesson a particulièrement compté pour moi. Lors de mes fréquents séjours en France, j'ai pu apprécier ses articles commentant avec acuité l'actualité sociale et politique, ou le voir et l'écouter parler de ses ouvrages, toujours avec intelligence et finesse. Il incarnait à mes yeux cet « esprit français » que j'admire tant. J'étais loin d'imaginer que mon chemin pourrait croiser celui de cet académicien « appartenant de droit au patrimoine national ». Quels ne furent ma surprise et mon bonheur quand un jour, quelques années après la parution de *La Mélodie secrète* (Fayard, 1988), Jean m'invita à déjeuner pour parler de philosophie et de... science. Cette conversation s'est prolongée au fil des années. Le lien qui nous unit est basé sur le questionnement de ces deux personnages que Jean nomme « le Vieux » ou « Dieu » (et que j'appelle « principe qui règle l'univers ») et l'« Homme ». Le lien repose aussi sur cet hymne à la vie, qu'il célèbre avec tant de ferveur, de joie et d'espérance : « J'ai aimé la vie, qui est beaucoup moins que rien, mais qui est tout pour nous. Je chanterai la beauté de ce monde, qui est notre tout fragile, passager, fluctuant, et qui est notre seul trésor » (*Comme un chant d'espérance*, Éditions Héloïse d'Ormesson, 2014).

LETTRE À THUAN

Mon cher Thuan,

Plusieurs livres ont changé ma vie. Je passerai sous silence les bandes dessinées qui ont enchanté mon enfance. Mais, coup sur coup, *L'Iliade et l'Odyssée* d'Homère, *Les Mille et une Nuits*, les *Essais* de Montaigne, *Don Quichotte*, les *Mémoires d'outre-tombe*, *À la recherche du temps perdu* m'ont ouvert des mondes nouveaux où je me suis engouffré avec bonheur. Je n'ai pas passé tout mon temps parmi ces monuments et parmi ces génies. Ronsard et Oscar Wilde, Mme de Sévigné et Paul-Jean Toulet m'ont donné aussi de grands plaisirs. J'ai aimé les fables, les vers, le théâtre, les romans. Il y avait tout un pan de l'activité des hommes qui m'était tout à fait étranger : c'était la science.

Les sciences naturelles, la physique, la cosmologie, la mathématique, j'en ignorais presque tout. Un livre, un beau jour, m'est tombé entre les mains : c'était *Les deux cultures* de Charles Percy Snow. Il mettait l'accent sur la rupture entre deux univers qui n'avaient cessé de s'éloigner l'un de l'autre : le monde littéraire et le monde scientifique. Aristote, saint Thomas, Érasme, Descartes maîtrisent encore l'ensemble du savoir. Au XXe siècle, le divorce est consommé : un scientifique ne s'intéresse plus beaucoup à la littérature, un écrivain ne comprend rien à la science.

Le livre de Snow m'avait un peu agité. J'essayai de glaner quelques renseignements sur la relativité restreinte ou générale, sur la théorie quantique, sur les travaux de Hubble, de Bohr, d'Heisenberg. J'avais du mal. Je lisais ou je faisais semblant de lire *Le Hasard et la Nécessité* de Jacques Monod, *Les trois premières minutes de l'univers* de Weinberg, *Patience dans l'azur* d'Hubert Reeves, *Une brève histoire* du temps de Stephen Hawking. La théorie des cordes me passait au-dessus de la tête. Je découvrais avec délices la formule de Bohr : « Si vous voyez que vous avez compris la théorie quantique, c'est que vous ne l'avez pas comprise. » Dans les dernières années du siècle écoulé, j'ai été proprement ébloui par un livre qui n'a cessé depuis lors de m'accompagner et auquel je dois beaucoup : c'était le vôtre, mon cher Thuan. C'était *La Mélodie secrète.*

Qu'est-ce que j'apprenais ? Des choses très simples – mais décisives. D'abord que l'univers avait une histoire. Les Anciens pensaient qu'il était éternel et immobile. Bossuet, Kepler, Newton, suivant la Bible, évaluent son âge à six mille ans. Kant se demande encore s'il est fini ou infini. Nous savons désormais qu'il a eu un début et qu'il aura une fin. Quel début ? Une explosion. Quelle fin ? Nous l'ignorons, mais une fin. Nous savons aussi que son histoire est très longue. Darwin nous a appris que l'évolution demande beaucoup de temps pour opérer. La vie, notre système solaire, les étoiles et les galaxies ont des milliards d'années.

Cet univers déjà si vieux et – qui sait ? – peut-être encore jeune est réglé d'une façon stupéfiante. Un millimètre, un quart de seconde, un degré, un milligramme de plus ou de moins et le système du monde s'écroule. Tout bouge, tout change, tout fuit dans l'univers en expansion et dépourvu de centre. Les galaxies s'éloignent les unes des autres. Quatre forces sont responsables de la diversité des changements et des mouvements de la nature : la force gravitationnelle, la force électromagnétique, la force nucléaire faible, la force nucléaire forte.

Le Soleil, notre cher Soleil, est une étoile comme les autres. La lumière est un mystère éclatant. En dépit de ce que croyait encore Descartes, sa propagation n'est pas immédiate. Elle met du temps à se déplacer. Mais sa vitesse est très grande – et même plus grande que tout : 300 000 kilomètres à la seconde. Elle fait sept fois le tour de la Terre en une seconde. Elle met un peu plus d'une seconde à nous parvenir de la Lune, huit minutes à nous parvenir du Soleil. Elle ne se propage que vers l'avenir, mais elle transporte du passé. Elle permet à un romancier, à William Faulkner, de constater que le passé n'est pas mort et qu'il n'est même pas passé. Pour stupéfiante qu'elle soit, la lumière est moins invraisemblable que le temps.

Depuis que le monde est monde, il n'a jamais été qu'au présent. Aucun être vivant n'a jamais vécu ailleurs qu'au présent. Jamais dans le passé, jamais dans l'avenir. Nous pouvons nous souvenir du passé, nous pouvons faire des projets pour l'avenir – mais toujours dans le présent. Un éternel présent règne sur l'univers. Mais le mécanisme du temps est si extraordinairement compliqué que ce présent n'existe pas. L'avenir n'est que du passé en sursis : il n'a rien de plus pressé que de se changer en passé. Il m'est impossible de fixer le présent. Le moment où je parle est déjà loin de moi. Depuis toujours et à jamais, nous passons notre temps dans un présent qui n'existe pas. Le temps, l'histoire, notre monde, l'univers est métaphysique.

Les particules, les quarks, les photons qui vont si vite, les neutrinos qui traversent en foule tous les corps, les trous noirs, le flou quantique, le vide me faisaient tourner la tête. J'étais très loin de comprendre tout ce que je lisais avec passion. J'étais à peine un amateur. Je me promenais avec stupeur dans ce monde invraisemblable. Le peu que je savais, je vous le devais, mon cher Thuan. À vous et à quelques autres.

Les bribes que j'ai retenues de votre enseignement mènent inévitablement à un certain nombre de questions. Pour dire les choses très vite et en gros, l'univers contient 100 milliards de galaxies rassemblant chacune 100 milliards d'étoiles. Grâce au big bang – ainsi nommé avec dérision par Fred Hoyle, partisan d'un univers stationnaire –, cette immensité difficile à concevoir jaillit d'un vide microscopique. L'infiniment grand naît d'un infiniment petit. Mais cet infiniment petit participe déjà à une grandeur prodigieuse par sa température et par sa densité. Comme l'homme lui-même, minuscule et génial, l'univers est un oxymore. Le surgissement de cet oxymore dont les détails nous sont si familiers et dont l'ensemble est inconcevable est-il dû à une puissance créatrice ou est-il le fruit du hasard ? Une cause première telle que la concevaient Platon, Aristote, saint Thomas d'Aquin ou Kant est-elle nécessaire ?
On peut se demander si une telle formulation a vraiment le moindre sens. Depuis Copernic, la Terre, puis le Soleil, puis la Voie lactée, notre galaxie, ont successivement perdu leur place centrale. Faisant écho à l'angoisse de Pascal devant « le silence éternel des espaces infinis », une sorte de désespoir s'est abattue sur la science contemporaine. Jacques Monod dans *Le Hasard et la Nécessité* : « L'homme est perdu dans l'immensité indifférente de l'univers d'où il a émergé par hasard. » Steven Weinberg dans *Les trois premières minutes de l'univers* : « Plus on comprend l'univers, plus il nous apparaît vide de sens. »

En face de cette indifférence génératrice de désespoir se dresse la conviction difficile à réprimer que l'homme, si extraordinairement complexe dans un espace-temps et un monde déjà très compliqués, ne peut pas être le fruit du hasard. Et encore moins d'une multitude cumulée de hasards. Un astrophysicien britannique, Brandon Carter, a baptisé « principe anthropique » une théorie qui peut s'exprimer en ces termes : « L'univers se trouve avoir pris très exactement les propriétés requises pour engendrer un être capable de conscience et d'intelligence. » À la limite, il est permis de soutenir que l'univers a été réglé minutieusement pour permettre notre venue. « Quelque part, écrit le physicien américain Freeman Dyson, il savait que l'homme allait venir. »

Cet univers fabuleux et réel qui m'a été livré par des savants, je l'ai parcouru, non en astronome ni en physicien, mais en romancier. Il m'a semblé que la nécessité, le hasard, l'espace et le temps, l'eau, la lumière étaient des personnages de roman aussi intrigants et aussi dignes d'intérêt que Julien Soral, que Mme Bovary ou que le prince André. Avec ses attentes et ses rebondissements, l'histoire de l'univers est un roman à couper le souffle. La lumière va-t-elle apparaître ? La matière va-t-elle l'emporter sur l'antimatière ? La vie, qui avait si peu de chances d'éclore, va-t-elle réussir ? Comment l'homme va-t-il s'y prendre pour imposer sa marque ? Je soutiendrais volontiers qu'il n'y a qu'un seul peintre, un seul musicien, un seul architecte : c'est Dieu. Ou, comme on voudra, la nécessité mêlée de hasard. Tous les autres artistes, tous les autres créateurs ne font que reprendre et organiser autrement les éléments qui leur sont fournis par la nature des choses.

Deux personnages surtout font l'intérêt puissant du roman de l'univers.

Le premier est l'homme. Il n'est rien. Et moins que rien. Au regard du tout, il n'est même pas une goutte d'eau, un grain de sable, une poussière impalpable. Et il est si magnifique et si puissant qu'il en devient presque divin. Il pense, il se souvient, il fait des projets, il donne enfin un sens – ou un semblant de sens – à un monde qui, sans lui, n'en aurait presque aucun. Et sans doute franchement aucun. Déjà avec lui, on peut se demander si l'immense univers a vraiment un sens. Mais sans lui, à coup sûr, il n'en aurait pas le moindre.

L'homme a réussi ce miracle de reconstituer son passé jusqu'aux plus lointaines origines. Il sait qu'il y a eu avant lui des événements et des créatures qu'il n'a jamais pu voir, des continents disparus, des catastrophes planétaires, des dinosaures géants. Non content de se souvenir d'un passé disparu, il ne cesse jamais de faire des projets pour l'avenir. Il a transformé le monde et il le transformera encore – pour le meilleur ou pour le pire. On dirait que Dieu – s'il existe – lui a passé ses pouvoirs.

L'autre personnage du roman de l'univers, le premier, le plus important, peut-être le seul, c'est Dieu. Comme tous les personnages de roman, il est entièrement inventé. Mais il tire beaucoup de ses traits d'une réalité cachée avec le plus grand soin. Par un coup de génie romanesque d'une audace formidable, à faire pâlir tous ses imitateurs et confrères romanciers, il est à la fois l'auteur du roman tricoté avec une si redoutable habileté et l'un de ses personnages. Le lecteur éberlué se demande s'il existe vraiment et qui se cache derrière son nom.

MATTHIEU RICARD

MOINE BOUDDHISTE, AUTEUR ET PHOTOGRAPHE

J'ai fait la rencontre de Matthieu Ricard durant l'été 1997, lors d'un colloque en Andorre où nous étions tous deux invités. J'ai tout de suite senti le courant passer et éprouvé la forte impression d'avoir rencontré une âme sœur. Comme moi, Matthieu a eu une formation scientifique. Il a notamment soutenu sa thèse de génétique cellulaire à l'Institut Pasteur sous la direction du prix Nobel de médecine François Jacob. De surcroît, il est moine bouddhiste, et le bouddhisme est la tradition spirituelle qui nourrit ma vie. Dans le cadre inspirant des Pyrénées, nous avons entamé un dialogue passionnant sur le fonctionnement du réel : la nature de l'espace et du temps, l'origine de l'univers, et bien d'autres sujets encore. Un livre est né de ces débats amicaux entre un Vietnamien bouddhiste devenu scientifique et un Français scientifique devenu bouddhiste (*L'infini dans la paume de la main*, Pocket, 2002). En plus d'être un ambassadeur éloquent et inspiré du bouddhisme et de ses nombreuses activités humanitaires au Tibet, Matthieu est aussi un photographe hors pair salué par Henri Cartier-Bresson : « La vie spirituelle et l'appareil photo de Matthieu ne font qu'un, et c'est de là que jaillissent ces images fugitives et éternelles. »

AU SEIN DE L'UNIVERS : INTERDÉPENDANCE, ALTRUISME ET COOPÉRATION

Nous sommes « face à l'univers », à tout moment et dans toutes les directions de l'espace en raison de l'interdépendance fondamentale des phénomènes. La réalité apparente résulte du concours d'un nombre illimité de causes et de conditions sans cesse changeantes. Comme un arc-en-ciel qui se forme lorsque le Soleil brille sur un rideau de pluie et s'évanouit dès que l'une de ces conditions disparaît, les phénomènes existent sur un mode essentiellement interdépendant et sont dépourvus d'existence autonome et permanente.
Le mot sanscrit *pratitya samutpada* signifie « être par co-émergence », ce qui revient à dire que rien n'existe en soi et que rien ne peut être sa propre cause. L'interdépendance n'implique donc aucun des extrêmes que désignent les mots « éternité » et « néant », « création » et « disparition », « existence » et « inexistence ».

Comprendre l'interdépendance détruit le mur illusoire que notre esprit dresse entre soi et autrui. Tous les êtres étant interdépendants, leur bonheur et leur souffrance sont fondamentalement liés au nôtre et nous concernent intimement. Vouloir construire son bonheur en ignorant autrui ou à son détriment est non seulement déplorable, mais irréaliste.

Bien que la compétition attire davantage notre attention que la coopération, il est raisonnable d'affirmer que le monde du vivant est davantage tissé de coopération que de compétition. L'évolution a besoin de la coopération pour être en mesure de construire des niveaux d'organisation de complexité croissante.
L'amour et la compassion universels sont les conséquences directes d'une juste compréhension de cette interdépendance. En comprenant à quel point notre existence physique, notre survie, notre confort, notre santé, etc. dépendent des autres et de ce que nous fournit le monde extérieur – remèdes, nourriture, etc. — il devient facile de nous mettre à leur place, de vouloir leur bonheur, de respecter leurs aspirations et de nous sentir intimement concernés par l'accomplissement de ces aspirations.

La chemise que nous portons, le verre dans lequel nous buvons, la maison où nous habitons, tout cela n'est possible que grâce à l'activité d'innombrables autres. Le plus simple objet de notre vie quotidienne est comme imprégné de la présence d'autrui. Réfléchissons à l'origine de la feuille de papier blanc sur laquelle nous écrivons. Imaginons le bûcheron qui a coupé l'arbre, l'ouvrier dans son usine, le transporteur dans son camion, la boutiquière à son comptoir ; comme nous, ils ont une vie avec des joies et des peines, des parents et des amis. Tous partagent notre humanité ; aucun d'entre eux ne souhaite souffrir. Cette prise de conscience doit nous amener à nous sentir plus proches de tous ces êtres, à être concernés par leur sort et à leur vouloir du bien.

Par crainte du monde et des autres, par peur de souffrir, nous nous imaginons qu'en nous retranchant à l'intérieur d'une bulle, celle de l'ego, nous serons protégés. Mais la rumination de nos propres douleurs, nourrie par la constante rengaine du « moi, moi, moi » qui résonne spontanément en nous, sape notre courage et ne fait qu'accroître notre sentiment d'insécurité. Quand nous cessons de considérer notre moi comme la chose la plus importante au monde, nous sommes moins vulnérables et notre force d'âme est consolidée par la conviction que nous disposons des ressources intérieures nécessaires pour faire face aux aléas de l'existence. Étant moins inquiets à notre propre sujet, nous sommes davantage disponibles aux autres et concernés par leur sort. La vue de leurs souffrances suscite plus spontanément notre courage et notre détermination à œuvrer pour leur bien.

Une telle vision du monde nous rend responsables vis-à-vis de notre terre et de ses habitants, comme l'explique le dalaï-lama :

> « Développer un sentiment de responsabilité universelle — percevoir la dimension universelle de chacun de nos actes et le droit de tous au bonheur et à la non-souffrance —, c'est développer une attitude d'esprit qui, quand nous voyons une occasion d'aider autrui, nous porte à la saisir plutôt que de nous soucier uniquement de nos petits intérêts personnels[1]. »

1. Dalaï-Lama, *Sagesse ancienne, monde moderne*, Le Livre de Poche, 2002.

JEAN-MARIE PELT

BIOLOGISTE ET BOTANISTE

Botaniste et écologiste de la première heure, président-fondateur de l'Institut européen d'écologie à Metz, Jean-Marie Pelt a très tôt tiré la sonnette d'alarme face à la dévastation que l'homme est en train d'infliger à sa planète et aux autres espèces vivantes. Ce qui m'a rapproché de Jean-Marie, c'est la similitude du regard que nous portons sur le monde malgré nos parcours spirituels très différents – Jean-Marie est chrétien alors que je suis bouddhiste. Je partage son avis quand il clame haut et fort que l'univers a un sens, et que l'homme joue un rôle essentiel pour lui donner ce sens. Je le suis quand il explique que la science et la spiritualité ne s'opposent pas, mais sont au contraire deux fenêtres complémentaires qui permettent d'appréhender l'univers. Avec les concepts d'incertitude, d'indétermination, d'imprédictibilité, d'incomplétude et d'indécidabilité qui l'envahissent, la science sait désormais qu'elle ne peut pas tout savoir. Pour aller jusqu'au bout du chemin et accéder à la réalité ultime, Jean-Marie pense, tout comme moi, qu'il nous faut faire appel à d'autres modes de connaissance, comme l'intuition mystique ou spirituelle, informés et illuminés par les découvertes de la science moderne. Il est décédé le 23 décembre 2015.

L'INTELLIGENCE DU CŒUR : VERS UNE SOCIÉTÉ DE COOPÉRATION ?

Olivia Zeitline : L'homme est-il sur cette planète pour donner un sens à l'univers ou est-ce celui-ci qui nous guide ?

Jean-Marie Pelt : L'homme est en quête de sens, il prend la mesure de sa petitesse par rapport à l'immensité de l'univers. Il essaie de lui donner un sens ou choisit de faire le constat pessimiste qu'il n'y en a pas et que tout est le fruit du hasard et des contingences. Pour ma part, je pense que l'univers nous livre le sens que nous devons lui donner en retour. Il nous montre le sens de la coopération qu'il nous devient vital de suivre au détriment de la compétition. Je partage avec Pierre Rabhi cette idée que la coopération est la force même de la vie.

Laissez-moi vous donner un exemple pour illustrer cette notion de coopération. J'ai volontairement choisi le mot *association* pour montrer qu'il y a dans l'univers une sorte de principe d'associativité. On pourrait définir ce principe comme l'union d'éléments simples s'associant pour donner des entités plus complexes. Cela peut paraître une banalité, mais c'est en réalité l'émergence de propriétés nouvelles d'entités plus complexes qui est à la base même de toute l'évolution de l'univers depuis le big bang jusqu'à nous.

Dès l'origine du big bang, pendant les premiers milliardièmes de secondes, les quarks, les toutes premières particules apparues, ont interagi avec d'autres entités, les bosons de Higgs. Les quarks ont ainsi acquis la masse nécessaire afin que la gravitation universelle, l'une des quatre forces fondamentales de l'univers, puisse se manifester.

Pour résumer à l'extrême, les quarks interagissent avec les bosons de Higgs et, munis désormais d'une masse, s'assemblent entre eux pour former les protons et les neutrons. Eux-mêmes s'assemblent avec les électrons pour former des atomes. Ceux-ci se regroupent pour donner des molécules d'abord simples qui s'unissent à leur tour pour devenir des molécules complexes comme l'ADN.

Ces molécules complexes, qui sont les briques de la vie, s'assemblent entre elles pour former les tout premiers êtres vivants que sont les bactéries et ces dernières se regroupent pour donner les cellules à noyau dont nous sommes tous constitués. Comme on le voit en regardant les corps des animaux supérieurs, ces cellules à noyau s'associent pour former des organismes. Dans le cerveau humain, 100 milliards de neurones se connectent, avec pour chacun 10 000 connexions potentielles, aboutissant à ce cerveau humain qui est ce que l'on connaît de plus complexe dans l'univers. Enfin naturellement, les êtres vivants se rejoignent pour construire des sociétés.

Dans l'histoire de l'univers, il n'y a pas que de la compétition mais aussi de la coopération. Je partage avec Pierre Rabhi[1] l'idée que la coopération est déjà à l'œuvre à travers toute l'évolution de l'univers. Il insiste en effet sur le fait que la coopération dans les sociétés humaines n'est pas seulement une invention de l'homme mais aussi la suite de cette formidable trajectoire que nous avons décrite.

1. Pierre Rabhi et Jean-Marie Pelt, *Le monde a-t-il un sens ?*, Fayard, 2014.

Discrètement, l'univers nous invite à poursuivre dans cette voie. Voilà le sens que nous croyons avoir repéré dans l'évolution de l'univers, lequel univers fait sens pour qui le considère avec ce regard.

O. Z. : Les plantes peuvent-elles nous inspirer, nous guider sur la voie de la coopération ?

J.-M. P. : Quand la vie a quitté les océans pour s'installer dans les terres émergées à la suite d'une grande sécheresse qui a fait baisser le niveau des eaux marines, les algues vertes ont dû s'adapter à la vie en dehors de la mer. Pour cela, il fallait de l'eau. Les plantes utilisent en effet de l'eau qu'elles combinent à du gaz carbonique happé dans l'air pour fabriquer – grâce à la chlorophylle qui capte l'énergie du soleil – des molécules organiques et en l'occurrence des sucres. Mais l'eau vint à manquer et les plantes subirent la concurrence notamment de champignons microscopiques pouvant multiplier à l'infini leurs filaments dans le sol humide et pompant l'eau plus vite que les toutes premières racines. Il semblerait que cette compétition se soit inversée et qu'une sorte de contrat de coopération ait été établi entre le champignon et la plante. En effet, le champignon sait puiser l'eau, mais aussi les sels minéraux comme les phosphates, alors que les racines des plantes ont beaucoup de mal à le prélever dans le sol. En outre, le champignon vit dans l'obscurité, ne fait pas la photosynthèse et a besoin d'une nourriture extérieure ne sachant pas la produire lui-même. Or la plante fabrique des sucres qui descendent des feuilles vers les racines. Dans cet accord passé entre eux, les champignons amènent des phosphates et de l'eau aux racines des plantes tandis qu'en échange les plantes leur apportent de la nourriture via leurs racines. Apparaît alors la coopération suivante : le champignon abreuve la plante d'eau minérale et la plante nourrit le champignon avec du sirop.

Il y a beaucoup d'autres exemples, mais malheureusement la science s'est plus intéressée à la compétition qu'à la coopération. Ce n'est qu'actuellement, grâce à des scientifiques de haut vol comme Marc-André Selosse, professeur au Muséum national d'histoire naturelle, que la biologie commence enfin à s'intéresser à la coopération. Dans les livres de biologie d'autrefois, les symbioses occupaient une seule page. On s'intéressait peu à cette idée dans la mesure où l'on considérait que la loi du plus fort régissait la nature. C'est d'ailleurs comme cela qu'était interprétée la théorie de Darwin dont on ne retenait que la compétition acharnée. Or ce n'est pas ce que dit Darwin. Selon lui la sélection naturelle est censée conserver ce qui est le mieux adapté lorsque les milieux changent et non pas forcément le plus fort. On a beaucoup fait dire à Darwin ce qu'il n'avait pas dit.

O. Z. : En quoi la crise économique actuelle peut-elle être une opportunité vers plus de coopération ?

J.-M. P. : Cette crise évoque pour nous celle qu'ont vécue les premières plantes terrestres et qui les a amenées à coopérer avec des petits champignons. La crise actuelle nous invite et nous pousse à coopérer davantage. Nous nous inscrivons véritablement dans la mouvance des forces de l'univers. Toute la philosophie du XIXe siècle était fondée sur cette même approche de la compétition que ce soit chez Marx avec la lutte des classes ou chez les libéraux avec la concurrence pure et parfaite.

Le moment est venu d'inverser cette manière de voir, notamment dans l'éducation des enfants, et de considérer que la coopération est une force puissante qui s'exerce depuis le big bang. Le monde économique est entièrement fondé sur la compétitivité non régulée. Par conséquent, les pays qui payent mal leurs salariés sont plus compétitifs que les autres et cela va à l'encontre de toute justice sociale. Cela explique le profond déséquilibre de l'économie mondiale. Cette notion de compétitivité dans une économie globalisée ne peut pas être régulée par des décisions politiques dans la mesure où la politique n'est pas mondialisée. Il y a 193 États aux Nations unies et ils sont bien loin de parler d'une seule voix pour réguler le libéralisme. Devant ce constat d'échec de la compétition en tant que modèle de fonctionnement entre les hommes, il faut prendre le problème par ses racines et commencer par montrer que la coopération – ou symbiose ou mutualisme ou commensalisme – est une force puissante de l'univers et de la vie en particulier.

O. Z. : La modération est-elle une solution pour arriver concrètement à plus de coopération dans notre vie de tous les jours ?

J.-M. P. : Concrètement, la coopération suppose que nous sortions du « moi d'abord » et du « moi je » ; non pas qu'il faille détester son « moi », mais il serait préférable d'unir les individualités pour en faire émerger un « nous ». Cela suppose que nous nous positionnions tout à fait différemment par rapport à nos habitudes de consommation, que nous échappions à la tyrannie du désir perpétuel menant à la frustration perpétuelle, mais aussi à la tyrannie du mimétisme et des modes si prégnantes, pour aller vers ce que Pierre Rabhi appelle une « sobriété heureuse ». En outre, ceci nous amènerait à ne pas consommer avec boulimie afin que les ressources naturelles soient économisées. Le mot « économie » reprendrait alors son sens premier : être économe. Ainsi, les générations futures trouveraient encore des ressources, car nous aurions pensé à elles au lieu de cultiver notre seul égoïsme.

Depuis le VIe siècle avant J.-C., étrangement et mystérieusement, toutes les grandes spiritualités du monde ont édicté la règle d'or :

« Ne fais pas à autrui ce que tu ne voudrais pas qu'il te fasse. »

Dans le christianisme, Jésus dit : « Ce que tu veux que les autres fassent pour toi, fais-le toi-même pour eux. » Cette philosophie pourrait utilement être adossée aux droits de l'homme, de sorte que nous aurions des bases solides pour avancer sur le chemin de la coopération et de l'amour.

O. Z. : Cette modération implique-t-elle de commencer par aimer le vide ?

J.-M. P. : La modération peut procurer un sentiment de manque et un sentiment de vide. Mais, comme chacun sait, la nature a horreur du vide. Ainsi, lorsqu'on est convaincu par cette démarche, des forces nouvelles s'ouvrent en nous et nous découvrons qu'il y a plus de bonheur à donner qu'à recevoir et qu'il y a un réel bonheur dans ce nouveau mode de vie que nous adoptons. Le partage devient la règle primordiale au détriment de l'accaparement égoïste. C'est en faisant le vide en soi qu'on trouve la place pour y faire éclore un nouveau mode de fonctionnement. Cette théorie de la coopération est un mouvement de vie intérieure qui exige une forme de spiritualité.

O. Z. : Quel est votre lien particulier avec les plantes, que vous ont-elles appris sur le fonctionnement de l'univers ?

J.-M. P. : Ce lien que j'ai avec les plantes est très puissant. J'ai d'abord été botaniste de terrain. Je voyais les plantes avec la curiosité d'un chercheur, mais aussi comme des sœurs. Quand je les observe, je pense qu'elles ont le même code génétique que le nôtre, que ce sont les mêmes molécules qui les font fonctionner. Elles sont faites de poussières d'étoiles, tout comme nous. Par ailleurs, encore aujourd'hui, je découvre toujours de nouvelles choses à leur sujet. Par exemple, juste avant Pâques, le matin, de bonne heure, j'ai remarqué que les pâquerettes étaient fermées et, quand je suis passé le lendemain, elles étaient grandes ouvertes. Je me suis alors dit qu'elles portaient bien leur nom de fleurs de Pâques, de résurrection. Une autre anecdote : quand j'avais quatre ans, mon papa m'a abrité un jour d'un fort orage en se penchant sur moi. J'avais devant moi une branche d'églantier, l'eau s'égouttait sur la fleur rose pâle et il y avait un arc-en-ciel. Le soleil faisait irradier les gouttelettes d'eau comme des perles fines. Depuis, chaque fois que je revois un églantier, je revis ce moment avec une extrême intensité. De même, quand je vois du gui sur les arbres, je ressens l'effet de Noël comme la madeleine de Proust. J'ai une relation très sensible et intuitive aux plantes ; je suis aussi très sensible à leur beauté.

O. Z. : Comment l'homme peut se représenter l'infini ?

J.-M. P. : Je vais répondre en vous parlant de mon expérience. Selon moi, l'infini est l'univers connu, et cet univers je le fréquente tous les soirs quand il fait beau en regardant les étoiles. Je fais cela depuis ma plus tendre enfance. J'ai le mystérieux et puissant sentiment que la voûte céleste est habitée par une présence. Est-ce une manière de ressentir le divin ? Peut-être... En tout cas, je ne partage pas le sentiment de Pascal qui disait : « Le silence éternel de ces espaces infinis m'effraie », car il ne m'effraie pas du tout. C'est un sentiment très fort. Les hommes du Moyen Âge disaient qu'il y avait deux chemins pour arriver au divin : la lecture de la Sainte Écriture et la contemplation de la beauté de la nature car elle révèle celle du créateur. On disait à cette époque que Dieu était beau et pas seulement bon, car on considérait la bonté comme la beauté de l'âme. L'âme c'est l'*anima*, c'est le support non charnel de la vie, c'est la partie éternelle de l'être.

O. Z. : Pensez-vous que l'infini implique aussi que nous mourons pour renaître sans cesse ?

J.-M. P. : La vie terrestre est un événement qui a son terme pour tous les êtres vivants quelle que soit leur nature et nous débouchons sur une nouvelle vie qui est alors la vraie vie. Cela nous donne une notion de l'infini. Dieu est l'infini, lui aussi, mais nous ne pouvons pas l'approcher parce qu'il est ineffable et inatteignable. Nous sommes peu armés pour naviguer dans l'infini parce que notre cerveau est trop petit, bien qu'il soit pourtant très grand. Ceci doit nous amener à la modestie, à l'humilité, ce qui manque le plus à l'homme moderne. Prométhée a été condamné pour avoir volé les secrets des Dieux et il a été puni sévèrement. De même, nos premiers parents ont voulu égaler les dieux et cela a provoqué le désastre que l'on connaît sur la planète. Aujourd'hui, nous devons complètement modifier notre rapport à la nature, aux autres et au divin. Descartes nous disait « maîtres et possesseurs de la Nature ». Il avait tort. Si nous étions des maîtres, nous serions immortels, jamais malades. Nous devons au contraire jardiner la nature et non pas l'écraser : autrement c'est elle qui nous écrasera. On le voit très bien avec le réchauffement climatique : nous avons chargé l'atmosphère en CO_2 et nous risquons de le payer très cher.

À l'heure actuelle, il me semble que de plus en plus de gens prennent conscience du fait que nous devons changer en profondeur notre façon de voir la vie et de consommer. Nous approchons du point de basculement qui suscitera une prise de conscience qui se propagera à l'ensemble de la population.

O. Z. : Quels sont selon vous les liens entre la science et la foi ?

J.-M. P. : Depuis ma plus tendre enfance, j'ai une grande foi chrétienne catholique et je n'ai jamais eu de difficulté à concevoir les relations entre la science et la foi. J'ai toujours pensé que les deux étaient complémentaires. La science répond aux « comment » et la foi répond aux « pourquoi ». Galilée disait que « l'Écriture sainte ne dit pas comment marche le ciel, mais comment on y va ». Cette image est très parlante. Ce sont deux approches qui ne s'excluent pas et qui ont toujours fait bon ménage chez moi, bien que beaucoup de personnes estiment qu'un scientifique ne peut pas être croyant. Stephen Gould, biologiste américain, parlait du non-recouvrement des magistères. C'est une expression savante mais qui a fait son chemin et qui postule que les domaines sont juxtaposés et ne s'excluent pas. Les scientifiques et les philosophes ont de tout temps parlé de la raison. Pour ma part, j'ai toujours considéré qu'il était raisonnable de croire car la foi éclaire la vie d'une sublime lumière. J'ai eu la chance de vivre des expériences mystiques proches de la mort et du divin, notamment lorsque j'ai été atteint d'un anévrisme de l'aorte très préoccupant. J'étais aux portes de la mort, j'aurais pu mourir subitement. Lorsque le médecin m'a annoncé cette terrible nouvelle, j'ai été submergé par une vague de bonheur absolu. C'est le seul événement de ma vie que je puisse rapprocher du mot « absolu ». J'ai vu ma vie terrestre s'éloigner à toute vitesse dans ce bonheur qui m'inondait et où il n'y avait que joie, paix et amour. J'ai le sentiment que cette révélation m'a profondément changé en me débarrassant de toute peur de la mort et en me donnant la certitude de la résurrection et du bonheur éternel. Fondamentalement, la foi est une adhésion à une promesse.

O. Z. : Et notre rapport au cœur ? Comment nous guide-t-il dans l'univers ?

J.-M. P. : Le cœur appelle le concept d'intelligence. Pour moi, l'intelligence peut constituer une arme redoutable quand elle n'est pas couplée à l'intelligence du cœur. Si l'intelligence fonctionne de concert avec le cœur alors elle se met au service de la communauté et s'enrichit du concept de coopération. C'est pourquoi j'ai toujours considéré que la première des qualités était l'intelligence du cœur.

Pour se connecter à l'intelligence du cœur, il faut prendre beaucoup de recul par rapport aux flux des informations qui nous assaillent. Cela va de pair avec la capacité à s'entendre soi-même et à découvrir son intériorité et son cœur d'où peuvent jaillir – lorsqu'on en fait un bon usage – cordialité et bonté. Mais cela suppose de prendre ses distances avec notre société d'information et de communication qui s'avère très toxique lorsqu'elle est consommée à trop forte dose.

Il y a de « l'intelligence » dans la nature. Quand on voit comment les plantes ont « inventé » toutes sortes de stratagèmes pour s'adapter aux conditions de leur environnement, on se dit que la nature est intelligente. Comme les plantes, nous avons la capacité de trouver des modèles nouveaux pour perdurer.

PHILIPPE DESBROSSES

AGRICULTEUR
ET DOCTEUR EN SCIENCES
DE L'ENVIRONNEMENT

J'ai fait la connaissance de Philippe Desbrosses, « homme de la terre », lors d'une visite au village des Pruniers en Dordogne où nous étions tous deux venus écouter les enseignements du maître bouddhiste zen vietnamien Thich Nhât Hanh. Un des sujets traités par le maître était celui de l'interdépendance, concept particulièrement apte pour décrire l'intime connexion de l'homme avec la Terre. Philippe est l'un des pionniers de l'agriculture biologique en Europe, c'est-à-dire de la culture de produits naturels, bons pour la santé et l'environnement, obtenus sans l'aide de produits chimiques de synthèse ni d'OGM. Par ses ouvrages et ses conférences, il mène une action de sensibilisation auprès du public pour promouvoir la biodiversité naturelle et humaine et pour redonner un sens éthique à l'activité de « travailler » la terre, idées qu'il met en pratique à la ferme de Sainte Marthe au cœur de la Sologne.

ENTRE TERRE ET CIEL

« Tu ne peux cueillir une fleur sans troubler une étoile »,
The Mistress of Vision, Francis Thompson.

Cette métaphore m'a beaucoup guidé dans la vie. Elle illustre le message que je souhaite transmettre en participant à ce livre. Il s'agit pour moi d'un privilège que d'apporter ma réflexion d'« homme de la terre » dans un ouvrage à la fois philosophique et cosmogonique très éloigné, en apparence, de l'agriculture.

En apparence seulement, car la certitude que tout est lié et interdépendant dans cet univers est partagée par un nombre croissant de nos contemporains. Faire le lien entre les espaces infinis du cosmos, qui déroulent le ballet fantastique des galaxies, notre petit système solaire et notre planète fragile perdus dans la Voie lactée me paraît primordial. Mais comment établir le sens commun entre la vision des astrophysiciens et celle des paysans attachés à leur terre nourricière ? Quel chemin emprunter pour que l'humanité accomplisse son destin spirituel et s'élève vers la transcendance ?

L'HOMME ET LE COSMOS

En lisant le chapitre « Les taches solaires et le prix du blé » du livre de Trinh Xuan Thuan, *Les Voies de la lumière* (Gallimard, Folio, 2008), j'ai découvert un point commun très original et inattendu entre l'astrophysicien et l'agriculteur. Passée la première surprise, j'ai trouvé la démonstration astucieuse et probablement applicable à de nombreuses situations. Je vais essayer d'en résumer le propos.

L'astronome William Herschel avait remarqué que les taches solaires découvertes par Galilée n'étaient pas permanentes, mais qu'elles apparaissaient et disparaissaient au fil du temps. Il pensa pertinemment que la brillance intrinsèque du soleil devait dépendre du nombre de ces taches qui dépendait à son tour, on le découvrira plus tard, de l'activité cyclique d'approximativement onze ans de notre astre. Il eut l'idée originale de vérifier son hypothèse en comparant le nombre de taches solaires avec... le prix du blé !

Son raisonnement était le suivant : plus le rayonnement solaire est intense, plus les récoltes de blé sont abondantes, et plus le prix du blé baisse... Quand il présenta sa théorie à ses augustes collègues de la Royal Society de Londres en 1801, nul ne voulut le croire : la brillance du soleil ne pouvait varier. Pourtant, Herschel avait raison. La luminosité du soleil n'est pas constante. Mais il a fallu plus d'un siècle et demi pour que son intuition géniale, basée sur la corrélation entre le cycle des taches solaires et le prix du blé, soit vérifiée.

Quand on sait que la variation de brillance qui augmente la production de blé est aussi faible – de l'ordre de 0,1 % –, on est confondu devant la subtilité des mécanismes célestes qui influencent notre vie terrestre. Elle ne dépend que de 0,3 watt par m^2 sur la moyenne des 342 watt par m^2 de lumière que le soleil envoie sur la Terre. Le destin des hommes est ainsi totalement dépendant de la lumière de l'astre solaire.

On peut également citer les remarques des scientifiques, agronomes et philosophes qui résument le phénomène du vivant de la manière suivante : toute vie sur terre repose sur la plante verte ! En effet, c'est par le prodige de la photosynthèse exercée par les plantes ou les algues que nous, mammifères, pouvons nous nourrir de la lumière du soleil ; autrement, nous sommes incapables de convertir celle-ci en énergie vitale et en protéines comme le font les végétaux.

Cette transsubstantiation nous rappelle l'interdépendance des différents règnes et leur complémentarité. De la bactérie aux étoiles, c'est toute la chaîne trophique qui est concernée, d'où la métaphore des astrophysiciens : « Nous sommes tous des poussières d'étoiles. » Selon cet aphorisme, il est impossible d'exister si un seul des éléments de la trame manque à l'ensemble. C'est ce que rappelle le maître bouddhiste Thich Nhât Hanh : « Si un grain de poussière n'existe pas, l'univers tout entier ne peut exister. »

Thich Nhât Hanh s'applique à démontrer ce principe en nous présentant une feuille de papier : celle-ci contient le nuage qui a fait tomber la pluie pour arroser l'arbre qui donnera à son tour le bois dont nous faisons la pâte. Elle contient aussi le soleil sans qui l'arbre n'aurait pu croître. Il y a bien sûr en elle le bûcheron qui a abattu et débité l'arbre, avec les outils que le forgeron lui a confectionnés. Il y a aussi le boulanger qui a fait le pain pour nourrir tout ce monde. Et le paysan qui a produit et récolté le blé, engendrant la farine qui a servi à faire le pain ; le maçon qui a construit le four à pain, et le charbonnier qui a procuré le charbon ou le bois pour chauffer le four... La chaîne est encore extrêmement ténue si l'on veut évoquer tous les détails des éléments qui ont permis à la feuille de papier d'exister, car la liste ne s'arrête pas là. Il y a les parents du bûcheron, grâce à qui celui-ci existe, et toute la lignée des ressources et des instruments qui ont été nécessaires à leur existence. Ainsi, la feuille de papier est essentiellement constituée d'autres éléments...

Cette interdépendance est partout, en tous lieux et en toutes circonstances. Elle est l'une des clefs pour résoudre l'un des gigantesques enjeux du XXIe siècle : nourrir sainement et économiquement une population mondiale en constante expansion alors que les ressources planétaires s'amenuisent. Je pense notamment aux ressources en terre arable et en eau, et surtout aux connaissances traditionnelles, libres d'accès, ainsi qu'aux «savoir-faire» adaptés naturellement aux conditions locales et aux besoins des populations.

Nous savons depuis toujours que pauvreté et dégradation de l'environnement vont de pair avec leurs conséquences tragiques de migrations, de guerres et d'épidémies. Il faut d'urgence inverser la tendance et redonner priorité aux agricultures paysannes respectueuses des terroirs et des ressources et beaucoup plus efficaces économiquement que l'agriculture industrielle dont les coûts externes et les méfaits sont d'ores et déjà devenus insupportables. Les Chinois, pragmatiques, l'ont bien compris. Depuis plusieurs décennies, ils plantent dans le nord-est de la Chine de quoi conjurer le désert et arrêter les vents de poussières qui submergent périodiquement la ville Pékin. Ils créent un maillage de parcelles de 200 mètres sur 200, entourées d'arbres. C'est la version chinoise du bocage que nous avons détruit systématiquement en France des années 1960 à 1980 pour moderniser l'agriculture et permettre aux grosses machines de remplacer les paysans dans les champs. Mais cette pratique a un coût dont nous subissons aujourd'hui les conséquences : l'érosion accélérée de la fertilité des sols et les rendements décroissants des cultures.

Les bouleversements de notre époque vont nous obliger à répondre aux besoins urgents qu'impliquent les pénuries d'énergie fossile, d'eau douce, de terres arables et de connaissances pratiques, ceci afin de faire face au grand défi de la surpopulation, du réchauffement climatique et de la dégradation accélérée des terres arables.

L'HOMME INCONSCIENT BRÛLE LA TERRE QUI LE NOURRIT !

Le lien qui unit l'homme à la Terre est connu depuis l'Antiquité : nous sommes réellement faits de ce que nous mangeons. Il suffit d'ailleurs d'observer l'étymologie commune des mots « humain » et « humus » pour se persuader que cette coïncidence n'est pas due au hasard. Selon moi, la Terre est un organisme vivant, composé des myriades d'êtres vivants qui constituent sa biosphère. Ce n'est pas une idée nouvelle : Gaïa, la déesse symbolisant la « terre nourricière », irriguait déjà la mythologie des Grecs et de nombreuses autres. Cette hypothèse a été reprise par des scientifiques de renom, tels l'écologue anglais James Lovelock et la biologiste américaine Lynn Margulis de l'université du Massachusetts. Cet ensemble organique constitué des plantes, des animaux, des bactéries et, bien sûr, de l'espèce humaine joue un rôle prépondérant dans la composition de l'atmosphère actuelle par ses activités, respiratoires, photosynthétiques, métaboliques et son impact sur le cycle du carbone et sur celui de l'azote. Voilà pourquoi, face au défi du changement climatique, nous avons toutes les raisons d'être inquiets quant à l'avenir de la biosphère et de sa fertilité.

Aujourd'hui, nous ne sommes plus assez conscients du lien étroit qui nous unit au sol, comme un cordon ombilical, car toute notre nourriture en provient. Pourtant, on peut légitimement parler de « sol vivant » pour qualifier le formidable foisonnement des êtres composant les 3 cm de terre arable que nous foulons sous nos pieds. Nous y recensons des milliards de micro-organismes au gramme : bactéries, champignons et algues microscopiques qui assainissent et nourrissent le sol, actinomycètes et azotobacters qui sont les principaux producteurs de fertilisants naturels et gratuits à partir de l'azote atmosphérique... Les vers de terre, ces obscurs laboureurs, représentent un cheptel de plusieurs tonnes par hectare. Ils brassent des quantités phénoménales de terre par an pour en accroître la fertilité. On comprend alors pourquoi les substances de la chimie de synthèse détruisent la vie secrète des sols et deviennent nocives lorsqu'elles s'accumulent dans l'écosystème.

Les agronomes et les historiens ont longuement évoqué l'importance de cette mince couche fertile, « 3 cm d'humus » qui nous séparent de la désolation et sur laquelle se sont fondées toutes les civilisations prospères de l'Antiquité à nos jours. Toutes ont disparu après avoir épuisé leurs sols. Ce fut le cas des Romains qui détruisirent les sols du pourtour méditerranéen avec la monoculture du blé (une seule plante en culture sur la même parcelle durant des années, jusqu'à épuisement du sol), refusant de suivre l'exemple des Égyptiens de la vallée du Nil qui adaptaient leurs productions au rythme des années maigres succédant aux années grasses (alternance de légumineuses et de céréales). Saint-Cyprien, évêque de Carthage en l'an 250, raconte ainsi l'érosion des hautes plaines maghrébines ravagées par les monocultures de blé destiné à nourrir la plèbe à Rome, où 200 000 citoyens consommaient gratuitement 1 million de boisseaux de blé par mois. Après la chute de Carthage, à la fin du Ier siècle, l'empereur Dominitien fit arracher les cultures vivrières millénaires des Carthaginois et anéantir leurs polycultures pour imposer la monoculture de céréales au profit de Rome. On voit les résultats désastreux de cette politique dans l'état actuel des terres qui gardent, après deux mille ans, les stigmates de l'érosion spectaculaire sur ces plateaux autrefois riches et prospères. Il n'y pousse plus rien que la roche mère... Avec l'agriculture des XXe et XXIe siècles, nous avons étendu cette pratique de la monoculture à l'ensemble de la planète. On l'a notamment beaucoup utilisée pour la culture des céréales dont le statut emblématique de nourriture universelle a toujours séduit les spéculateurs... Elle se propage à la manière d'un incendie qui brûlerait toutes les ressources fertiles de la planète, laissant les sols exsangues, sans tirer aucune leçon du passé.

Cette disparition généralisée de l'humus, par rupture des cycles de restitution au sol, qui caractérise « l'agriculture minière » de notre époque, est l'un des chocs que devra affronter l'humanité dans le futur. Nous avons perdu un tiers des terres arables de la planète en trois décennies à cause du « désarbrement » de contrées entières pour libérer de l'espace cultivable, pratique la plus funeste et la plus radicale de l'histoire. Elle a beaucoup dégradé les territoires et l'environnement. Aujourd'hui, elle a pris l'ampleur d'une catastrophe puisqu'un hectare de terre fertile est transformé en désert toutes les quatre secondes. La déforestation atteint un rythme à peine croyable. L'équivalent de quinze terrains de football est rayé de la carte chaque minute. Alors que nous avons 2,4 bouches de plus à nourrir chaque seconde sur cette terre...

La disparition de l'humus se compte chaque année en milliards de tonnes qui s'évaporent littéralement des territoires sous les coups conjugués de la pétrochimie et de l'industrie lourde dont s'enorgueillit notre singulière civilisation ; laquelle se prévaut des rigueurs de la science mais, paradoxalement, n'en applique aucun des principes dans sa gestion des écosystèmes. David Pimentel, de la Cornell University de New York, est l'un des scientifiques qui a le plus publié sur la dégradation des sols depuis les années 1970. Il explique notamment que les États-Unis perdent chaque année deux milliards de tonnes d'humus, ce qui représente dans la plupart des cas 8 kg de terre perdue pour 1 kg de denrée agricole produite... Ce schéma est le même sous toutes les latitudes. Ainsi, le Mexique, dont les sols ont été littéralement « déshabillés » par les pratiques agricoles inappropriées sous ces climats arides, n'aurait plus que 9 % de terres arables disponibles. En matière de fertilité d'abord, mais pas seulement, c'est tout l'équilibre écosystémique de la pédosphère qui est en danger. Ce désastre présage des tragédies sanitaires et sociales pour l'ensemble des peuples qui n'auront pas su vivre en heureuse harmonie avec leur sol.

L'ARBRE, UN AUXILIAIRE INDISPENSABLE

Peut-on raisonnablement penser que cette situation est soutenable, alors que les performances – actuellement en perte de vitesse – de l'agriculture moderne reposent sur des ressources fossiles en voie de disparition? Selon un rapport du Département d'État U.S. à l'agriculture, datant des années 2000, l'agriculture moderne a divisé par vingt son efficacité énergétique en soixante ans. Ainsi, s'il fallait en 1940 une calorie de pétrole pour produire 2,3 calories alimentaires, il faut dorénavant 10 calories d'énergie fossile pour produire une seule calorie de nourriture.

L'arbre, «pilier de l'écosystème», a payé un lourd tribut. Il a été sacrifié à l'expansion des activités humaines. Longtemps et sous toutes les latitudes, il a été unanimement admis, à tort, qu'il était un concurrent pour les cultures. Pourtant, il en est le principal support, comme le démontrent aujourd'hui toutes les expériences d'agroforesterie. On peut en effet augmenter de 30 à 80% les rendements d'une parcelle par la seule présence d'arbres isolés, ou en ligne, autour de celle-ci.

Pourquoi l'agriculture n'a-t-elle pas reconnu l'arbre comme un auxiliaire indispensable? Cela fait vraisemblablement suite à une expérience qui a été mal interprétée. En effet, l'arbre est une véritable pompe à eau et à nutriments puisés sur la roche mère. Il influence son environnement jusqu'à dix fois sa hauteur. C'est-à-dire qu'un arbre de dix mètres de haut produit un effet bénéfique jusqu'à cent mètres autour de lui. Mais lorsqu'on le déracine pour le placer dans un container étanche, en croyant mesurer son impact, on ne mesure que sa fonction d'évapotranspiration et on se prive de l'observation sur sa capacité à remonter l'eau (trois fois plus que ce qu'il utilise selon les observateurs). Cette eau en surplus profite aux plantes voisines de la parcelle, soit tout le contraire de ce que l'on nous a appris, et que l'on peut vérifier quand l'herbe est toute verte sous l'arbre, même en période de grande sécheresse. D'ailleurs, il est un phénomène bien connu des forestiers pour constater la fonction de l'arbre sur le cycle de l'eau : lorsqu'on procède à une « coupe à blanc » sur un massif forestier (soit l'abattage de la totalité des arbres d'une parcelle au sein d'une exploitation forestière), la rivière voisine voit dans la plupart des cas son débit diminuer significativement.

LE RETOUR INATTENDU DE PRINCIPES MILLÉNAIRES

Heureusement, il existe aujourd'hui des avancées très prometteuses, aux antipodes du système actuel fondé sur l'instrumentalisation et l'artificialisation du vivant, des techniques qui requièrent une meilleure connaissance de la nature et une coopération avec celle-ci. La crise qui sévit sur la planète a en effet suscité des opportunités et des retours inattendus dans la recherche agronomique. Ainsi, à Madagascar, des petits paysans malgaches, sans moyens mécaniques et sans apports extérieurs de fertilisants, de pesticides ou de semences améliorées, ont décuplé leur récolte de riz, passant de 24 quintaux par hectare à 240, sur le site de démonstration de Fiaranantsoa. Ils ont simplement appliqué les principes millénaires d'une bonne agronomie :

1/ Rotation des cultures (jamais deux années de suite la même plante sur la même parcelle) ;

2/ Nourrir le sol plutôt que la plante, actuellement sous perfusion avec les molécules solubles des fertilisants industriels, en utilisant de préférence la bactériologie du sol pour décomposer et recycler les déchets organiques. C'est ainsi qu'ils sont passés maîtres dans l'art du compostage ;

3/ Sélectionner eux-mêmes les variétés les mieux adaptées à leur situation de terroir, climat, altitude, ensoleillement ;

4/ Découverte empirique, à la suite de l'assèchement accidentel d'une rizière, que le riz n'est peut-être pas une plante aquatique comme nous le croyons depuis 3 000 ans, mais que la tige principale stimulée par le manque d'eau dans la période du «tallage» peut multiplier 100 tiges et plus autour d'elle, d'où l'extraordinaire abondance des récoltes ;

5/ Seconde innovation empirique qui consiste à repiquer le jeune plant de riz à 8 jours, plutôt qu'à 40 jours traditionnellement, ce qui accroît encore les performances de récolte de 50%.

Comme un bienfait n'arrive jamais seul, les scientifiques ont pu observer qu'outre les économies considérables d'eau douce cette pratique d'alternance dans l'utilisation de l'eau permet de diminuer de 80% les émissions de méthane (gaz à effet de serre), reprochées aux rizières.

En Occident également, nous voyons se multiplier les pratiques dites de «permaculture», c'est-à-dire de cultures permanentes qui peuvent produire jusqu'à 8 récoltes par an sur la même parcelle, sans affecter sa fertilité. Il y a de nombreux exemples aux États-Unis et en Europe où ce type d'agriculture valorise le travail des hommes sur de très petites surfaces, sans investissements lourds. Cela permet de créer un emploi correctement rémunéré, pour 50 000 dollars de chiffre d'affaires sur 1 000 m² (soit un dixième d'hectare), sans recours à l'énergie fossile. Bien sûr, pour cela il faut sortir de l'illusion créée par les performances éphémères et alléatoires de l'agriculture industrielle, qui reposent en totalité sur une ressource fossile en voie d'extinction, le pétrole, et sur trois autres ressources vitales en voie d'épuisement, les sols, l'eau et la biodiversité. Paradoxe de la situation, ces performances en «permaculture» sont inspirées des pratiques des maraîchers parisiens des XVIIIe et XIXe siècles.

L'image de la Terre vue de la Lune en 1969 – la révélation de notre temps (ou apocalypse) – a touché l'ensemble de l'humanité au même instant. Elle nous a fait prendre conscience de l'unicité et de la fragilité de notre belle planète bleue, perdue dans l'immensité de l'univers et de l'urgence à protéger le seul refuge que nous ayons pour survivre collectivement.

EDGAR MORIN

SOCIOLOGUE ET PHILOSOPHE

Écrivain prolifique, Edgar Morin est un observateur perspicace et critique de l'évolution de notre société, n'hésitant pas à dénoncer nos dérives quand elles oublient l'homme et favorisent un progrès mécaniste dépourvu de sens. J'ai une admiration particulière pour *La Méthode* (Le Seuil, 2008) élaborée pendant près de trois décennies (1977-2004), où Edgar utilise l'ensemble de la connaissance, de la physique à la biologie, en passant par l'éthique, pour appréhender le monde. Dans une époque où la spécialisation est poussée à outrance, et où les « experts » savent tout sur rien, Edgar se fait le chantre de la « pensée complexe » qu'il utilise pour tisser ensemble tous les fils du savoir. Je l'ai rencontré quelque temps après la parution de mon ouvrage *Le Chaos et l'Harmonie* (Fayard, 1998) dans lequel je décrivais la nouvelle vision scientifique du monde où – après avoir dominé la pensée occidentale pendant trois cents ans – la vision newtonienne d'un univers fragmenté, mécaniste et déterministe faisait place à celle d'un monde holistique, indéterministe et exubérant de créativité. Dans ce nouvel univers, les concepts d'« émergence » et de « complexité » jouent un rôle fondamental. Edgar a eu le grand mérite de les mettre en lumière.

ODE À LA PENSÉE COMPLEXE

Trinh Xuan Thuan : Quels ont été les penseurs et les maîtres qui vous ont inspiré et influencé ?

Edgar Morin : La découverte de mes propres vérités à travers des auteurs a connu plusieurs étapes. Il y a d'abord eu Dostoïevski et Montaigne. Montaigne m'a offert le scepticisme et la rationalité, Dostoïevski la compassion humaine et un sentiment mystique devant les êtres, devant la complexité humaine. Ensuite, j'ai rencontré Pascal qui, comme moi, était sceptique et croyant, rationnel et mystique. Sans croire en une religion officielle, la foi ne m'est pas étrangère : je crois en la fraternité, à la religion de Terre-patrie dont j'ai parlé dans mes livres. J'ai un sentiment mystique devant la vie, les belles choses, l'amour ou encore la musique. La troisième étape de ma construction intellectuelle est intervenue avec Hegel et Marx. Hegel m'a appris à penser la contradiction, le fait qu'on ne peut y échapper et qu'on doit essayer de la vivre pleinement. Avec Marx, j'ai compris que les sciences de la nature devaient embrasser les sciences de l'Homme et réciproquement, mais j'ai aussi été inspiré par sa vision de la société moderne et par son aspiration à l'émancipation. Enfin, la dernière étape, survenue bien après mon quarantième anniversaire, a été la découverte de la théorie des systèmes que l'on retrouve formulée chez Heinz von Foerster et Karl Ludwig von Bertalanffy. Une théorie de l'autonomie et de l'auto-organisation, complétée par les lectures d'Henri Bergson et d'Ivan Illich.

T. X. T. : Qu'est-ce que connaître aujourd'hui ? Vous avez défendu la pensée complexe : ne pas cloisonner le savoir dans des disciplines séparées, mais les relier ensemble ; avoir une vue non pas réductionniste, mais holistique de la nature.

E. M. : La question « qu'est-ce que connaître ? » devrait être inscrite dans tous les programmes scolaires, peut-être même dès l'école primaire, tant la connaissance est la source de nos erreurs et de nos illusions. Connaître, c'est traduire et reconstruire un monde qui nous est extérieur à travers la perception et par le biais des idées et des théories. La connaissance est toujours une interprétation de la réalité et, en cela, elle risque toujours l'insuffisance et l'erreur. C'est pour cela que je propose la pensée complexe, car nous avons aujourd'hui des connaissances trop morcelées les unes des autres et qui nous empêchent de penser les problèmes fondamentaux : qu'est-ce l'humanité ? qu'est-ce que le monde ? qu'est-ce que la vie ? qu'est-ce que la mondialisation ? Ces problématiques nécessitent une connaissance globale, capable de relier des connaissances morcelées, d'où la nécessité de la pensée complexe – du latin *complexus*, ce qui est tissé. C'est un objectif non isolationniste. En outre, il ne s'agit pas seulement de voir le tout, la pensée complexe n'est pas une démarche simplement holistique, mais il s'agit de voir aussi la relation : la réciprocité entre le tout et les parties. Le tout qui influence les parties, mais les parties qui influencent aussi le tout. La pensée complexe procède d'un sentiment de totalité, nécessaire pour pouvoir appréhender l'univers dans lequel nous sommes.

T. X. T. : Comment réformer le système d'éducation afin d'éduquer les jeunes dans cette optique ?

E. M. : Il est indispensable de transformer les programmes et d'y introduire les risques que comporte la connaissance. Ces erreurs qui peuvent nous dégrader, nous handicaper, nous tuer. Il y a nécessité à enseigner la compréhension humaine et la manière d'affronter les incertitudes. Il faut repenser la formation des maîtres dans une perspective transdisciplinaire. Dans ce sens, pour penser la mondialisation, il ne suffit pas d'empiler la démographie, l'économie, la sociologie, etc., mais il faut penser la totalité. Comme le disait le grand écrivain et philosophe argentin Ernesto Sabato : « Nous avons besoin de mondiologues », c'est-à-dire des gens capables de penser les ensembles, les totalités, là où nous n'avons aujourd'hui que des gens capables de penser des fragments.

T.X.T. : Quels sont les impératifs d'une « politique de la civilisation » ?

E. M. : La politique de la civilisation est née d'un examen des tendances négatives et mauvaises qui traversent notre civilisation et qui sont elles-mêmes liées à des tendances positives. Ces tendances relèvent du développement de l'autonomie individuelle, de l'égalité entre les hommes et les femmes, de l'universalité et de l'humanisme. Le revers de la médaille – les vices – c'est que l'individualisme a détruit les solidarités traditionnelles y compris les solidarités familiales et ne produit pas seulement de l'autonomie, mais aussi de l'égoïsme. On le voit bien, le bien-être matériel ne donne ni bonheur ni véritable satisfaction. Aujourd'hui, notre civilisation est dominée par la recherche du pouvoir et de la puissance sur les choses, tout en oubliant que nous dépendons de la nature et que la nature n'est pas faite que d'objets matériels – dans la biosphère, les animaux ont des sensibilités et des intelligences. Notre civilisation a des aspects complètement bornés et aveugles, mais nous pouvons trouver dans d'autres civilisations et philosophies (dans le taoïsme et le bouddhisme, notamment) des moyens de ressusciter les qualités humaines que nous avons perdues. D'ailleurs, on voit aujourd'hui beaucoup de gens chercher, de manière privée, des remèdes à leurs maux, par le yoga, la méditation, la psychanalyse, etc. Mais les problèmes ne se limitent pas à la sphère individuelle, c'est un mal de civilisation. La politique de civilisation, c'est lutter contre tout ce qui broie les individus, les crétinise, tout ce qui ne se fonde que sur le calcul et l'économie, sans prendre en compte notre humanité fondamentale faite de sentiments d'amour, de haine, de peur, d'amitié, etc. Autrement dit, et pour revenir d'ailleurs au problème de l'éducation, notre éducation ne nous donne pas les moyens de vivre pleinement notre vie. Car vivre pleinement, c'est savoir changer d'orientation, complexifier et enrichir notre existence.

T. X. T. : Quel est le rôle de la science et de la technologie dans la société contemporaine ?

E. M. : La science possède un rôle transformateur énorme, mais qui est complètement incontrôlé. Elle se développe aussi bien pour le meilleur que pour le pire. Il est évident que les connaissances que nous offrent les sciences sont essentielles et peuvent être extrêmement utiles, mais il ne faut pas oublier que, par exemple, c'est la science physique qui a créé l'arme nucléaire et sa possibilité de détruire l'humanité. Il ne faut pas oublier non plus que les sciences biologiques produisent des possibilités de nous manipuler cérébralement et génétiquement, et cela pour le meilleur comme pour le pire des atrocités. Aujourd'hui, il faut donc que l'humanité prenne conscience du caractère inconscient et incontrôlé de la science.

T. X. T. : Quel devrait être le rôle de l'intellectuel face à l'univers ?

E. M. : Qu'est-ce qu'un intellectuel ? Contrairement à un spécialiste, c'est quelqu'un qui pose les problèmes globaux et généraux de la vie. Quand Albert Camus pose la question de l'humanité et de l'absurdité de la vie, il est un intellectuel. Quand Émile Zola se mobilise dans l'affaire Dreyfus, il prend position pour la vérité face à la raison d'État qui allait condamner un innocent. Nous avons besoin d'intellectuels, car il y a trop de spécialistes qui nous dominent. Mais des intellectuels peuvent aussi véhiculer des illusions et des erreurs, comme on a pu le voir avec ceux qui soutenaient l'URSS et ignoraient le rôle affreux des camps de concentration communistes ou ceux qui ont justifié la révolution culturelle de Mao Zedong, en ne sachant pas qu'il s'agissait d'un moment de barbarie extraordinaire. On trouve toujours des intellectuels pour justifier les pires crimes, alors que leur rôle est justement le contraire : l'intellectuel est celui qui refuse de justifier, c'est celui qui essaye de comprendre. Et une fois qu'il a compris, il peut donner son point de vue, exprimer son espoir ou son désespoir.

T. X. T. : Comment penser l'univers aujourd'hui ? À une plus petite échelle, comment penser la Terre-patrie ? Comment trouver un équilibre entre soi et l'univers ? Entre soi et notre planète ?

E. M. : Aujourd'hui, il faut que l'intellectuel prenne en compte ce que nous ont appris l'astrophysique et la cosmologie moderne : savoir que nous sommes une toute petite planète, dans un petit système solaire, situé dans une galaxie périphérique. L'intellectuel doit nous remettre à la place que nous avons au sein de l'univers pour nous rendre modestes. À mes yeux, la notion de modestie est au cœur de ce que j'appelle la Terre-patrie et que je pourrais définir ainsi : savoir que nous sommes les enfants de cette terre – la patrie est un mot à la fois paternel et maternel – et de cette vie. Cette patrie est ce qui nous relie et nous englobe, par-delà les patries nationales. C'est une patrie plus ancienne et qui doit créer une nouvelle humanité, à l'échelle du monde. Même si, bien sûr, nous ne sommes pas à l'abri d'échecs, comme nous l'ont montré les effondrements des Empires égyptien, romain, ottoman, etc.

En outre, la Terre-patrie permet de nous situer. Elle nous aide à comprendre que nous sommes dans l'univers et que l'univers est en nous. Nous sommes faits de cellules apparues avec la naissance de la vie ; nous portons en nous l'aventure de l'évolution de la vie, des premiers organismes monocellulaires aux primates. Mais, parallèlement, comme ces cellules sont faites d'atomes et de particules nées avec l'univers, nous portons aussi toute l'histoire de l'univers en nous. C'est ce que j'appelle le principe hologrammatique : non seulement la partie est dans le tout, mais le tout est dans la partie. Dans la totalité de mes cellules, il y a la totalité de mon code génétique, mais seulement une partie est exprimée. Si nous prenons conscience que nous sommes différents de l'univers, tout en le contenant, nous pourrons trouver une relation, comprendre que nous sommes des enfants de l'univers, mais des enfants orphelins. Nous sommes séparés par la conscience, la connaissance et la science, qui nous empêchent de sentir nos inclusions dans l'univers. Il faut nous interroger de manière à la fois poétique et philosophique sur notre situation dans l'univers et appréhender ses mystères. C'est pour cela que, pour moi, l'équilibre n'est pas une notion importante. L'essentiel, c'est de sentir que nous sommes à la fois en dehors et en dedans de l'univers. Nous sommes dans le monde tout en étant différents. Ce n'est pas un équilibre, mais une manière de nous sentir nous-mêmes, sans nous détacher de l'univers.

T. X. T. : Comment vivre dans un monde plus incertain, plus chaotique, plus complexe ? Quelles sont les bases pour une éthique dans ce monde chamboulé ? Comment y bien mener sa vie en l'absence d'un fondement assuré dans un monde éclaté ?

E. M. : Dans une société, l'éthique a deux sources : la solidarité et la responsabilité. Si vous vous sentez responsable, vous vous sentez solidaire et réciproquement. Mais ces notions ont jusqu'à présent été limitées à la société concernée, l'éthique a été fermée. Dans la Bible, par exemple, il est dit : « Tu ne tueras point », mais Moïse a tué un Égyptien qui maltraitait un Juif. On peut tuer les étrangers, les autres, mais il ne faut pas s'entre-tuer. Aujourd'hui, cette éthique doit devenir universelle, grâce à l'humanisme. Il faut inclure tous les humains, quel que soit leur sexe, quelle que soit leur race, quelle que soit leur religion, etc. dans la Terre-patrie. L'humanisme, c'est la reconnaissance d'un millier d'autres qui sont à la fois différents et semblables. Cette fraternité humaine est à la base de l'éthique de la Terre-patrie ; elle nous permet d'affronter les aléas, les incertitudes et les angoisses car la patrie est aussi une communauté de destin. Un destin né avec la mondialisation et les menaces mortelles qui pèsent sur l'humanité. C'est une éthique qui se fonde sur les aspirations humaines, un besoin d'épanouissement personnel, mais toujours dans une communauté. L'épanouissement du je au sein d'un nous – la famille, le parti, la religion, la patrie, l'Europe, l'humanité. Et cette éthique n'a pas besoin d'être dictée par un commandement extérieur.

T.X.T. : Comment expliquer l'homme et sa conscience ?

E. M. : Il ne s'agit pas tant de l'expliquer que de comprendre. Ce que l'on sait, c'est que l'homme est né d'une évolution autocréatrice et autoproductrice. Aussi, ce qu'on peut comprendre, c'est qu'une société humaine, issue d'une société primate, est née d'un besoin de communication complexe, avec un langage à double articulation, où chaque son constitue une partie d'un mot doté de sens, qui permet à son tour la transmission des connaissances et des sentiments. De fait, l'évolution a toujours connu des stades créateurs – comme le stade créateur du langage. Il y a donc eu le stade créateur de la conscience et de l'esprit, qui n'ont pu apparaître que par une interaction entre un cerveau humain et un milieu social ayant un langage. Cette relation entre un cerveau et une culture permet de comprendre l'émergence de la conscience. D'ailleurs, tout dans l'histoire de la vie procède d'une émergence : quelque chose de nouveau naît à partir d'un ensemble de conditions, comme la vie a pu naître d'un ensemble de molécules qui n'avaient pas de propriétés vitales en elles-mêmes. C'est leur ensemble, leurs liens, leur organisation qui ont fait la vie.

De même, la conscience en tant que capacité autoréflexive de l'esprit est le produit ultime de l'évolution humaine, mais c'est aussi un produit fragile, une flamme vacillante qui peut s'éteindre, s'étouffer à tout moment, ne serait-ce que par la colère et la méchanceté. Aujourd'hui, la conscience est encore sous-développée dans l'humanité, il faut accroître notre capacité à avoir conscience des autres, par exemple, tout en sachant que cette conscience est de plus en plus précaire et menacée par les conditions de barbarie qui se développent dans le monde entier. Les fanatiques n'ont aucune conscience de participer à l'aventure humaine – les financiers non plus –, alors que cette conscience est vitale.

T. X. T. : De quelle « conscience » la science doit-elle s'accompagner ?

E. M. : Comme l'a dit Husserl, la science a besoin d'une double conscience. La science a une conscience qui se porte sur l'objet de la connaissance, mais il lui manque une conscience qui se retourne sur le sujet de cette connaissance. Les scientifiques participent à une aventure dans laquelle ils sont parfaitement inconscients d'eux-mêmes. Et c'est dans cette inconscience que se logent les dangers de la science, dans cette inconscience du sujet en tant que tel. Les sciences traditionnelles ignorent d'ailleurs le mot de sujet. En plus de cette double conscience, la science a besoin d'une conscience morale. Aux débuts de la science moderne, il y avait nécessité à exclure une telle conscience morale afin d'échapper aux pouvoirs absolus de l'époque, ce qui a permis à la science de se développer pendant deux siècles en toute liberté. Puis la science est devenue puissante, avec un ascendant fantastique sur le développement de la société, de l'économie, de l'industrie, mais aussi bien sûr sur les individus, avec son pouvoir de nuisance et de destruction symbolisé par l'arme atomique. Aujourd'hui, la science est entraînée dans une aventure sans en comprendre le cours, c'est pour cela qu'il faut lui ajouter une conscience éthique.

T.X.T. : La science s'oppose-t-elle à la spiritualité ? Quel est votre rapport à la foi, à la religion, au bouddhisme et aux sagesses orientales ?

E. M. : Dans son rapport à la spiritualité, la conscience n'a rien de religieux, mais elle touche une vie intérieure, la question de l'âme, que certains scientifiques nient d'ailleurs radicalement, à l'instar de Jean-Pierre Changeux pour qui il n'y a que le cerveau. Sauf que l'âme est aussi une émergence de l'esprit, qui ne peut se réduire à une localisation organique. L'âme n'est pas circonscrite à la géographie du corps, le cerveau n'est pas la pompe de l'âme comme le cœur est la pompe du sang. Cependant, d'un point de vue personnel, je suis spinoziste, c'est-à-dire que je crois à la puissance créatrice de la nature, sans besoin de commandement ou d'architecte extérieur. La divinité est dans la nature. Et j'ai foi dans l'amour et la fraternité.

Par rapport aux religions abrahamiques, le bouddhisme est radicalement différent. Ce n'est pas une religion avec un dieu créateur, central, c'est une religion qui vient d'un humain éveillé, un être qui aura pris conscience du monde qui l'entourait, de la souffrance, qui aura réfléchi à un moyen de sortir de cette souffrance générale du monde. Et c'est aussi une pensée qui a vu que notre monde, tout en étant réel, est aussi une apparence, qu'il possède une certaine fragilité, qu'il n'est pas absolu. D'où les deux pôles de l'univers dans le bouddhisme : Samsara, le monde du temps, de l'espace, de l'objet, et Nirvana, où il n'y a plus de temps, d'objet et d'espace. Et c'est ce qu'on peut retrouver avec la microphysique et la physique quantique, où, par exemple, l'objet n'est pas un objet, où le temps n'est plus le temps puisque des interactions peuvent dépasser la vitesse de la lumière, où les objets peuvent être localisés à plusieurs endroits dans l'espace, etc. Nous savons donc que notre monde échappe parfois à notre logique, alors que nous y vivons. Et l'absolu que je vois dans le monde, c'est la souffrance, le bonheur, l'affectivité ; tout le reste est relatif. Il est donc important, et même crucial, de se référer aux philosophies orientales.

T. X. T. : Comment voyez-vous l'avenir de l'homme et des sciences ?

E. M. : Notre avenir est menacé, car la voie que suit la mondialisation nous mène vers des catastrophes. Les développements des sciences, des technologies, de l'économie et de la spéculation financière aveugle conduisent à la destruction de la biosphère, qui dépend de nous et dont nous dépendons. Le processus que nous suivons multiplie aussi les armes nucléaires et il produit beaucoup de résistances culturelles et des retours à des fanatismes. C'est un processus de dislocation et de désintégration, qui est lié à un processus de destruction techno-écologique. L'absurde, c'est qu'il s'agit aussi d'un processus que nous promettons comme solution au reste du monde. Nous voulons exporter un système qui est déjà profondément en crise, sans même en accentuer les valeurs de fraternité, d'égalité, d'autonomie, de respect entre hommes et femmes, d'humanisme, d'universalité. Nous n'en exportons que le pire : la spéculation, l'égoïsme, le profit immédiat, la courte vue. De la sorte, nous créons un monde de plus en plus désorganisé et nos politiques nous mènent à l'aveugle vers la destruction et la mort. L'espoir, ce serait l'avènement d'une nouvelle voie. En tant que tel, cet avènement est assez improbable, mais une nouvelle voie est aussi susceptible d'émerger de l'augmentation des dangers car, pour reprendre les mots du poète Hölderlin, « là où croît le péril, croît aussi ce qui sauve ».

JOËL DE ROSNAY

SCIENTIFIQUE ET ÉCRIVAIN

Connu par le public français pour ses nombreuses interventions dans les médias et ses ouvrages de vulgarisation concernant l'interdépendance de l'humanité et de sa technosphère, ce futurologue humaniste éclairé a le grand mérite de penser le développement des théories et des connaissances des systèmes complexes dans le contexte plus large de l'évolution de l'univers en entier. Je suis en accord avec Joël de Rosnay quand il défend dans *La Plus Belle Histoire du monde* (Seuil, 1996) l'idée que la création humaine s'oppose à la désorganisation progressive de l'univers et à sa mort ultime. La construction cosmique – planètes, étoiles, galaxies… – et toutes les créations du génie humain – le *Boléro* de Ravel, les *Nymphéas* de Monet, *Guerre et Paix* de Tolstoï… – témoignent de l'extraordinaire inventivité et créativité de l'univers qui a su favoriser l'émergence de coins d'ordre – comme la Terre – où la vie et la conscience ont pu apparaître.

-

DE NOUVELLES MANIÈRES DE VIVRE LE TEMPS

-

Nous rencontrons des difficultés à organiser notre temps. Souvent surchargés, débordés, dépassés, nous courons à sa poursuite. Chaque activité nouvelle nécessite la suppression d'une activité existante car le temps disponible n'est pas extensible. Avoir du temps devant soi est un rêve souvent irréalisable pour une grande majorité d'entre nous. Une des raisons en est le découpage d'un temps linéaire en séquences spécifiques : minutes, heures, jours, semaines, week-ends, mois, vacances, années, périodes de formation, de vie professionnelle, de retraite... Un tel temps n'est ni compressible ni extensible. En revanche, si on adopte une gestion non linéaire de son temps, on peut générer des niches d'activités nouvelles sans obligatoirement en éliminer d'autres. Il faut pour cela investir du temps dans la création d'un capital-temps (une bibliothèque, une équipe de personnes aux compétences complémentaires, un ordinateur, Internet, une œuvre artistique...). Ce capital qui génère des intérêts temporels. C'est ce que j'appelle le « temps large ».

VIVRE DES INTÉRÊTS DU CAPITAL-TEMPS

Un capital-temps bien valorisé et fructifié permet de vivre de ses revenus temporels grâce aux intérêts qu'il produit. On ne puise plus directement dans son capital-vie, dans son temps linéaire séquencé et synchronisé par une entreprise ou la société dans laquelle on vit. L'informatique personnelle, les smartphones et tablettes, l'accès haut débit à Internet constituent de puissants catalyseurs dans la création et l'entretien de son capital-temps. Ce sont des outils essentiels pour qui veut gérer son temps. Certes pour être plus « efficace » dans ses activités, mais surtout pour donner plus de sens à sa vie. Il existe également un autre temps, en forme de cône inversé, théorisé pour partie par Pierre Teilhard de Chardin, à travers le point Oméga. Très schématiquement, ce point Oméga pourrait s'apparenter à l'inverse du big bang. Si ce dernier renvoie à une explosion d'énergie, lui relève d'une implosion d'esprit. Les deux vont dans un sens opposé. D'un côté, l'entropie, vers le chaos croissant et la destruction. De l'autre, la construction de la pensée humaine vers l'organisation, l'art... avec des durées et des temps différents.

Prenons l'exemple d'un feu sur une plage que l'on filme : brasier, puis braises, puis cendres... le vent souffle, les cendres se dispersent, se mêlent au sable. Le film continue. Progressivement plus rien ne se passe. Le film continue toujours... C'est l'entropie. Déroulons-le en sens inverse : long néant, puis insensible mouvement de petits grains de sable dans le vent, agglomération de cendres en de rougeoyants morceaux devenant braises puis magnifique flambée. C'est une allégorie de la néguentropie chère aux physiciens, fruit de la création humaine. Il existe donc une possibilité d'inverser – métaphoriquement bien sûr ! – le principe de Carnot. Et ce, grâce à la création humaine, individuelle ou collective, qui permet à l'humanité d'emmagasiner du capital-temps, réservoir temporel au sein duquel il est loisible à chacun de puiser. Cette création s'apparente à du temps investi, qui profite aux autres, contemporains comme suivants.

Prenons une autre image : celle du train. Un TGV par exemple, doté d'une longueur et d'une vitesse infinies. Les humains y sont tassés dans des petits compartiments. Ils ne communiquent pas. Par leurs fenêtres, ils voient passer des poteaux ornés d'une inscription illisible du fait de la vitesse. Ils utilisent ces marqueurs pour mesurer le temps et rythmer leur vie. Ils comprennent un jour qu'ils sont plusieurs à bord du train, en tapant sur les cloisons. Ils communiquent, décident de casser ces cloisons et de travailler ensemble pour déchiffrer les inscriptions. Grâce aux débris, ils fabriquent des wagonnets avec lesquels ils se déplacent en sens inverse du train, ralentissant ainsi la vitesse relative du train. La technique progressant, ils acquièrent suffisamment de « vitesse inverse » pour déchiffrer les écriteaux. Ils lisent alors : « Le secret de l'univers, c'est vous ! » Ils ont métaphoriquement arrêté le temps, via la création humaine.

Les coévolutions planétaires qui se produisent entre la biosphère, la technosphère et l'écosphère (économique et écologique) se déroulent à des vitesses différentes, dans leurs sphères respectives de plus en plus dématérialisées et au sein de couches évolutives superposées. Il est donc indispensable de prendre en compte la variété des situations et les effets amplificateurs des divergences temporelles au sein des sociétés humaines. À l'échelle du monde, l'isolement des sociétés les plus développées dans leur bulle temporelle de haute densité pose le problème de l'exclusion. La compétition entre bulles temporelles de densités différentes conduit à l'élimination de celles dont la densité est la plus faible, ce qui se traduit par la divergence temporelle des rythmes d'évolution. Dans un monde aux ressources rares, l'appropriation accélérée par quelques-uns des flux vitaux élimine progressivement les autres de la compétition. Comment partager les ressources énergétiques, alimentaires, financières, ou les connaissances dans un monde fragmenté, tout en respectant la diversité des cultures et les libertés individuelles ? Vivre dans des bulles fractales différentes revient à vivre derrière des frontières temporelles. Les densités de flux du temps sont mutuellement exclusives. Un tel partage est pourtant indispensable si l'on veut éviter les processus irréversibles de l'exclusion compétitive entre communautés, peuples et nations.

Les sociétés industrialisées commencent à se développer et à évoluer dans des bulles temporelles en suraccélération. Il appartient aux hommes d'éviter qu'il ne se crée des déséquilibres préjudiciables à l'avenir de l'humanité. C'est pourquoi j'ai souhaité dépasser le conflit permanent entre temps long et temps court, en «inventant» le «temps large». Il fonde l'organisation de la vie professionnelle, personnelle, familiale sur la gestion du capital temps accumulé. Chacun s'organise afin de réinvestir au mieux les profits d'un temps bien géré, qui va bénéficier aux autres comme à soi. Pour moi, réussir sa vie, c'est gérer son temps pour faire de sa vie un original et non une copie. En ce sens, je me sens très proche de l'enseignement védique : «L'éternité est dans l'intensité de l'instant.»

TEMPS ET ÉVOLUTION

L'instant et l'éternité. Cette phrase permet de relier le temps humain au temps cosmique, une approche essentielle pour traiter de l'homme et de l'univers.

Pour décrire les processus d'évolution, on utilise souvent les termes d'accélération, d'auto-organisation, d'émergence... Ainsi que ceux, plus répandus, de révolution, de mutation, de crise ou de rupture. Ils introduisent une relation particulière au temps et à la durée. Cette référence implicite et constante à la durée semble s'opposer au temps traditionnel des horloges. Il s'agit de phénomènes mesurés par le temps mais en conflit avec le temps. Par référence à un océan temporel immuable, on dit que des propriétés nouvelles «émergent», ou encore que des évolutions «s'accélèrent». Ces expressions, souvent employées en biologie ou dans la théorie du chaos, sont révélatrices. Comme si une dynamique propre à chacun de ces phénomènes imposait sa loi au temps. Pourquoi le temps lui-même ne changerait-il pas ? L'étalon de référence pourrait se dilater «de l'intérieur» ou se contracter «de l'extérieur». Une nouvelle relativité du temps pourrait naître, enrichie par l'expérience de la biologie et des sciences de l'information.

Notre vision du temps et de la durée appliquée aux systèmes complexes est encore linéaire et unidimensionnelle. Nous avons tendance à considérer que les processus évolutifs s'inscrivent sur des courbes extrapolables se déroulant dans un univers vide, pur et parfait, sans influence directe sur l'évolution des systèmes qu'il englobe. À une date donnée, tous les points coexistent dans une tranche de présent mais possèdent des potentialités évolutives différentes. Il semble que la densité des informations, produites chaque seconde dans le monde par les hommes et les ordinateurs, crée une «bulle temporelle» ayant des constantes d'évolution propres. De même que la masse d'une étoile «courbe» l'espace-temps, comme l'a montré Einstein, des flux et des réservoirs d'information de très haute densité, comme des bases de données, pourrait «densifier» le temps. Les processus évolutifs pourraient donc être représentés dans des bulles temporelles, certes coexistant à un moment donné, mais présentant en interne des vitesses et donc des potentialités d'évolution très différentes par rapport à celles d'autres bulles. Cette représentation me paraît introduire une nouvelle dimension dans l'appréciation des phénomènes évolutifs complexes.

INFORMATION ET TEMPS POTENTIEL

Une voie nouvelle serait sans doute à rechercher, comme je le propose dans *L'Homme symbiotique*[1] du côté des relations entre le temps et l'information. On peut se demander en effet si la vitesse (perçue) de l'écoulement du temps ne serait pas liée à celle de la production d'information. Je propose en effet de considérer l'information comme du temps potentiel, comme une «réserve de temps». Un livre, une encyclopédie, un film documentaire, un site web, une œuvre d'art, représentent de telles «réserves de temps». Plus nous créons du temps potentiel, plus nous compensons indirectement l'écoulement du temps universel. Pour mieux justifier cette propo-

1. Joel de Rosnay, *L'Homme symbiotique*, Le Seuil, 1995.

sition, il me faut revenir à des analyses faites dans *Le Macroscope*[2] et dont je résume ici les grandes lignes : nous sommes enfermés dans ce que j'ai appelé le « chronocentrisme », la prison du temps. Nous ne pouvons expliquer le monde que de la cause vers l'effet. Nous avons ainsi associé causalité linéaire et chronologie, les causes précédant toujours les effets. Cette vision du monde est celle de l'explication par les causes, de la réduction de la complexité par l'analyse. Mais la cybernétique a ouvert une autre voie. Dans une boucle de rétroaction, la causalité est circulaire : la flèche du temps se referme sur elle-même. Les effets peuvent précéder leurs causes. Par exemple le niveau d'eau dans un réservoir (l'effet mesuré par un capteur) peut précéder l'ouverture ou la fermeture du robinet d'arrivée d'eau (la cause du remplissage). La rétroaction permet la régulation du niveau d'eau qui peut être maintenu à une hauteur constante. Le sens de l'avant/après est bouleversé, la chronologie mise à mal. De ce fait, explication et implication, savoir et sens, causalité et finalité, déterministe et finalisme apparaissent comme autant d'alternatives irréductibles liées au problème du temps. Car c'est la référence à un unique sens de l'écoulement du temps qui les renvoie dos à dos. Celui du temps universel mesuré par les horloges. Celui aussi de notre vie fléchée vers la mort, que nous faisons coïncider avec le temps de l'évolution du monde.

ACCROISSEMENT DE LA COMPLEXITÉ

Il existe, on le sait, une évolution en apparence opposée au temps de l'entropie, de la désorganisation progressive de l'univers. L'évolution de l'accroissement de la complexité que l'on constate dans l'évolution biologique et dans l'évolution technico-sociale. Au principe de la thermodynamique pourrait être opposé, selon les termes que j'emploie dans *L'Homme symbiotique*, un principe de la

2. Joel de Rosnay, *Le Macroscope, vers une vision globale*, pp. 201-224, Le Seuil, 1975.

symbionomique : l'auto-organisation de la matière vers des systèmes de complexité croissante. L'évolution biologique, par l'information contenue dans les gènes, a produit du temps potentiel. L'homme, relayant désormais l'évolution biologique par l'évolution technologique et numérique, crée, par l'intermédiaire de l'information, un capital-temps utilisable aujourd'hui et par les générations futures. Une publication scientifique, un plan, une bibliothèque, une banque de données, un moteur de recherche, une culture ou une œuvre d'art sont comparables à des réserves de temps potentiel, comme décrites plus haut, autant de données que nous ne sommes pas obligés d'avoir apprises et stockées dans notre mémoire. Ce capital-temps produit des « intérêts » sous forme de temps, accélérant par autocatalyse le processus évolutif. La création d'un original demande de la durée, mais l'obtention de sa copie est, à la limite, instantanée. L'acte de création est toujours historique ; celui de la copie n'est que banal. Le premier capitalise du temps tandis que le second ne fait qu'actualiser une réserve déjà accumulée.

Une situation nouvelle est créée par la vitesse à laquelle les hommes produisent de l'information originale. Cette information accroît la complexité, et la complexité génère du temps potentiel : elle ajoute du temps au temps. Elle crée du temps dans le temps. Un système de haute complexité (comme une cellule vivante ou un réseau informatique) emprisonne du temps. Par cette fermeture, il crée une bulle temporelle qui lui est propre et qui représente l'environnement de son évolution. Jusqu'à présent, la vitesse de génération de complexité et d'information ne suffisait pas à compenser et à équilibrer la vitesse de désorganisation de l'univers. Le temps des horloges primait. Aujourd'hui, avec la constitution de l'écosystème numérique, avec la puissance des mémoires de masse, la densité du temps se modifie. Pour aider à visualiser la densification du temps, j'imagine que puissent exister des « particules de temps ». À côté des photons, particules de lumière, des électrons, particules d'électricité, des gravitons, particules associées au champ de gravité, je propose (pour la réflexion) l'existence de « chronons », particules de durée. De même que la lumière est la manifestation tantôt d'une onde électromagnétique tantôt d'une particule (le photon), le temps existerait soit sous la forme d'une onde (la durée) soit d'une particule (le chronon). C'est pourquoi on ne pourrait penser et vivre le temps que sous la forme d'un flux ou d'une juxtaposition d'instants. Une sorte de principe d'exclusion du temps semblerait ainsi exister.

DÉMULTIPLIER LES TEMPORALITÉS

Un réservoir d'information, je l'ai dit, est analogue à du temps potentiel. Suivant l'image proposée, il génère un flux de chronons proportionnel à la quantité et à la qualité de l'information stockée. L'intensité de ce flux est mesurée par unité de temps conventionnel, mais, aujourd'hui, la production accélérée d'information accroît le flux de chronons par unité de temps. Son intensité, sa densité augmentent. Un capital-temps produit un flux de chronons proportionnel à sa masse critique. Un chronon « lourd » d'aujourd'hui vaut peut-être 1 000 chronons du Moyen Âge alors que l'on utilise toujours le même étalon de mesure universelle ! Faudrait-il désormais parler d'une quantité d'information par unité de temps ou d'une quantité de temps potentiel par unité d'information créée ? De bits par seconde ou de chronons par bit ?

La mise en parallèle de temps séquentiels contribue également à densifier le temps. Ordinateurs parallèles, réseaux de neurones, fourmilière, marché, bourse et réseaux sociaux sont des multiprocesseurs qui transforment des temps séquentiels en temps parallèles. La quantité d'information disponible pour chaque personne, mesurable en bits par neurone et traitée par les prothèses du cerveau, progresse de manière exponentielle. L'intensité du temps (le flux de chronons) s'accroît. Des bulles temporelles se forment et évoluent dans leur dynamique propre. La création d'informations originales, la mise en réseau et en parallèle d'informations, leur mémorisation dans des banques de données «courbent» l'espace-temps en produisant un bassin, un attracteur. Chaque milieu crée ainsi son propre temps, vit le temps selon son propre rythme, ce qui démultiplie les temporalités coexistantes.

LE TEMPS FRACTAL

La création de temps potentiel peut être replacée dans le contexte des systèmes chaotiques au sein desquels une multitude d'agents produisent et diffusent de l'information en parallèle. Un système dynamique répondant aux lois du déterminisme devient chaotique s'il présente un phénomène de sensibilité aux conditions initiales et une forte récurrence. Ce qui conduit à un comportement extrêmement désordonné qualifié de « chaotique ».

Les systèmes complexes qu'ils créent forment autant de bulles temporelles évoluant simultanément. Dans un réseau de réseaux comme Internet, chaque utilisateur densifie le temps de l'intérieur. Le cyberespace entre ainsi en expansion : l'intérêt produit par ce capital s'y réinvestit de manière cumulative. Utiliser le cyberespace revient à réinvestir de l'information dans ce capital-temps et à le valoriser. Les créateurs qui travaillent sur Internet sont rémunérés en informations à plus haute valeur ajoutée. À la différence d'un capital thermodynamique (de l'énergie) qui s'use quand on s'en sert en se transformant irréversiblement en entropie, un capital symbionomique (de l'information) se valorise à l'usage. Il produit toujours plus d'intérêts : il «irradie» des chronons.

Chaque bulle temporelle créée par un système complexe (organisme vivant, société) constitue, à mon sens, une bulle temporelle fractale, c'est-à-dire qu'elle contient en germe la structure d'ensemble. Elle est le reflet du macro et du micro. Comme l'homme qui serait le reflet de l'univers. D'après les textes hermétiques et alchimistes :

« Ce qui est en bas est comme ce qui est en haut, et ce qui est en haut est comme ce qui est en bas. »

Le temps symbionomique que je propose ne serait pas linéaire, mais fractal. Chaque bulle temporelle créée par un système complexe exprime des densités différentes du temps. Ces temps coexistent car leur évolution est mesurée par le même temps universel. Ces bulles temporelles forment donc des ensembles contemporains, hiérarchiquement organisés en fonction de leur densité temporelle. C'est la création de bulles fractales nouvelles au sein de celles qui existent déjà qui correspond, à mon sens, au phénomène d'émergence. Quand leur densité temporelle forte révèle brusquement leur présence au sein de bulles à densité faible, on parle de mutation ou d'explosion. Ce qu'on appelle « révolution d'ordre technologique » (révolution industrielle, biologique ou numérique), « explosion d'un secteur sur lui-même » ou encore « mutation décisive », représente l'éclosion d'une bulle temporelle au sein de notre univers de référence. Il y a prise de conscience, soudaine et collective, de l'existence d'un système complexe en évolution accélérée. Il y a perception d'une densité plus forte du temps et de la « courbure » particulière de notre espace-temps familier par suite de la genèse d'une masse critique d'information. C'est le cas de « l'explosion » des communications. La concentration des réseaux, des techniques informatiques et des supports multimédias densifie le temps à un point tel que l'ensemble du secteur s'auto-sélectionne et émerge à partir d'un fond à densité plus faible, à la manière d'un signal se distinguant d'un bruit de fond. Dans le cadre de l'origine de la vie, l'émergence d'un ensemble de molécules formant un réseau auto-catalytique relève du même phénomène. Les premiers systèmes vivants se sont enfermés dans des bulles temporelles qui se sont distinguées du bruit de fond indifférencié de la « soupe primitive », et ont évolué par production interne d'autres bulles plus denses encore. Jusqu'à l'homme qui se pose la question de son origine et de celle du temps dans lequel il vit, crée et évolue.

FABIENNE VERDIER

PEINTRE

Dans la civilisation chinoise, la peinture occupe la première place de tous les arts. C'est elle qui, par excellence, est la plus apte à révéler les mystères de l'univers. Ne visant pas tant à représenter de manière picturale la nature que de capter les « souffles vitaux » du cosmos, la peinture participe « aux gestes mêmes de la Création » (François Cheng, *Vide et plein : le langage pictural chinois*, Seuil, 1979). L'infiniment petit de l'espace des tableaux reproduit ainsi l'infiniment grand du cosmos. Cette philosophie de la peinture, Fabienne Verdier a décidé de la faire sienne en quittant à l'âge de vingt ans son pays et sa culture.
Elle a commencé sa vie de peintre par dix longues années dans la Chine communiste afin d'apprendre ce savoir pictural menacé de disparition par les excès de la révolution culturelle.
Revenue en France, Fabienne poursuit résolument sa voie en créant une œuvre forte, singulière et contemporaine. Dans sa peinture, elle « explore l'univers en mouvement dans l'espace-temps, animée par le désir de donner un goût d'éternité à l'éphémère. Ses grands tableaux sont comme des "tables poétiques", une sorte d'architecture de la pensée intuitive, un espace de méditation en fusion. » (Fabienne Verdier, *Passagère du silence*, Le Livre de poche, 2005).

GRAVITATION ET PEINTURE

Frédéric Thuin : Que s'est-il produit lorsque vous avez abandonné la peinture sur chevalet pour une peinture que l'on dit « verticale » ?

Fabienne Verdier : En choisissant la peinture verticale, comme me l'avaient enseignée les Chinois, j'ai perçu le monde autrement à travers l'écoulement de l'encre. Au fond, j'ai trouvé la possibilité d'une interprétation plus concrète et, en même temps, plus harmonieuse, plus harmonique du réel sans prendre appui sur la figuration. Plus encore, cette peinture à la verticale place l'homme et son pinceau dans une écoute aiguë, plus sensible des forces présidant à l'harmonie de l'univers, comme la force de gravité par exemple. En effet, par la gravité l'encre tombe de mon pinceau et continue à tomber durant le temps de séchage. Cela crée de magnifiques et d'étonnantes structures fractales au cœur d'un relief cristallisé de matière picturale.

F. T. : Au fond, une nouvelle harmonie émerge et se dit par le mouvement même que le trait d'encre poursuit, malgré l'événement du séchage. Comme si votre trait retissait l'ordre astral de l'univers. J'en veux pour preuve l'*Errance dans les paysages du trait de la ceinture de saint Luc* où l'épaisseur du trait, les stries solidifiées par le séchage font paysage, où le détail se fait monde (pages 136-137). C'est là comme l'aspect musical de votre œuvre, puisque ce passage incessant du détail à l'univers et de l'univers au détail traduit à l'évidence cette attention au motif. Ce dernier n'est pas regardé, il est écouté, dans son aspect vibratoire.

F. V. : Je prends en effet grand plaisir à être à l'écoute, explorer et jouer avec ces forces animant le cosmos. Elles me fascinent. Ce que les traits dessinent ici renvoie à des schèmes fondamentaux, sortes de grilles mouvantes permettant une lecture, des lectures de la matière picturale. Ils racontent, en un sens, un moment infime de l'histoire du monde. Selon l'environnement dans lequel je peins, la température de l'atmosphère par exemple, je découvre toujours de nouvelles interactions possibles entre les diverses composantes de cet environnement. Je pourrais également évoquer la façon dont la peinture s'écoule sur la toile, notamment en tenant compte d'éléments tels que la texture, la viscosité, le rapport énergie/matière au cœur du trait. Ce sont toutes ces données qui font que le trait s'inscrira toujours différemment dans l'espace, me faisant réaliser cette cruelle évidence : l'illusion selon laquelle le peintre serait le maître absolu de son geste.

F. T. : Même dans la solidification du trait, l'on perçoit encore du mouvement, la permanence d'un mouvement. Il y a là comme un pont tendu entre votre geste et l'un des éléments basiques de la relativité einsteinienne, à savoir que matière et énergie ne sont pas deux aspects séparés de la réalité, mais bien plutôt qu'il y a de l'énergie dans la matière en même temps que l'énergie génère la matière. De même, votre trait ne consiste pas qu'en une concomitance de matière et d'énergie ; il se trace et s'exprime à travers une mise en scène de la lumière.

F. V. : Effectivement, la peinture n'existe que par la rencontre de la lumière et d'un corps matériel. Plus précisément, la fréquence des ondes lumineuses résultant de l'interaction de la lumière avec les atomes qui constituent les concrétions de pigments de peinture révèle la présence du tableau au monde. Expérience tellement concrète bien que paraissant invisible, insoupçonnée. Il faut savoir écouter cette mise en lumière.

F. T. : L'on pensera ici à ce titre magnifique d'un recueil de Claudel : *L'œil écoute*. Cela me semble particulièrement sensible dans *Ondes cosmiques IV* : ces méandres noirs nourris de vaguelettes paraissent en effet mis en mouvement par la lumière. Ils illuminent l'espace du tableau de leur propre mouvement, et invitent ainsi notre œil à écouter la mise en image de ce fragment d'univers (page 138-139).

F. V. : En demeurant longtemps devant un tableau qui, naturellement, paraît immobile, l'on ressent, sans pouvoir l'expliquer, physiquement, charnellement, le mouvement de l'œuvre dans l'espace ; comme si la peinture permettait de révéler, pour un instant, le mouvement perpétuel de l'univers ; comme si tout tableau recélait, libérait tout un monde de vibrations, de chants, comme si le tableau ne cessait de recréer notre habitation au cœur de l'univers.

F. T. : Le tableau semble en effet nous redire la façon dont nous habitons notre monde, cette Terre, et par conséquent l'univers, comme pour nous rappeler que c'est poétiquement que l'on devrait l'habiter. Mais, ce que je retiens surtout, c'est l'activité artistique conçue, non comme simple récréation, mais bien comme une véritable recréation. Comme la mer chez Valéry, « toujours recommencée », ce sont les forces physiques, telluriques, de l'univers qui sont par le trait toujours remémorées. N'est-ce pas cette capacité à recréer sans cesse qui a rythmé toutes vos recherches concernant les maîtres flamands du XVe siècle ?

F. V. : En effet, j'ai pu explorer, à cette occasion, la capacité qu'a la matière picturale de nous renvoyer, nous redonner, par les variations chromatiques des glacis, cette profonde spiritualité, c'est-à-dire cet instant où, de la matière-peinture, émane une part d'immatérialité, notre besoin de spiritualité. C'est ce qui m'a frappé chez les maîtres flamands : l'aspect cosmogonique de leur peinture. Puisque celle-ci ne semble vibrer que grâce à l'action de la lumière céleste.

F. T. : Il y a donc correspondance totale entre l'aspect physique de la matière picturale et son aspect « mystique » ? L'un ne peut être sans l'autre ; c'est le « en même temps » du tableau. N'est-ce pas, d'ailleurs, le sens que prennent vos recherches actuelles concernant notamment la lumière blanche ?

F. V. : Je me suis effectivement lancée dans une aventure visant à rendre, en insistant encore davantage, l'aspect mélodique du réel, et ce en sept tableaux à travers lesquels une énergie blanche circulerait, de châssis en châssis, sur le fond « nuit » d'un noir bleuté.

F. T. : Qu'est-ce qui a été à l'origine de cette « nouvelle » direction ?

F. V. : Il y a quelque temps, Trinh Xuan Thuan m'a expliqué que si le trajet de la lumière blanche du soleil n'était jamais modifié par son interaction avec un corps, alors nous verrions tout en blanc. Vous imaginez mon étonnement. Depuis, je n'ai eu de cesse de réfléchir à une œuvre qui irait vers une épure de la couleur, comme retournant vers la pureté de sa source ; retrouver la lumière d'avant le choc avec les particules de poussières, c'est-à-dire avant la création des couleurs que l'on perçoit.

F. T. : Il y a quelque chose de décisif dans cette quête picturale. Ne tentez-vous pas de peindre l'un des principes œuvrant à la fécondation de la couleur et, partant, de la peinture ? Bien que la lumière blanche ne soit pas la seule énergie fécondante de la peinture ?

F. V. : Non, bien sûr. Il y a l'énergie cinétique ou, si l'on veut, la dynamique du trait en peinture. Cette idée se traduit par le mouvement spontané que j'essaye d'insuffler à mon pinceau dessinant une forme dans l'écoulement de la matière. Selon moi, cette « saisie immédiate » de la réalité dans le trait pictural, consiste en un principe permettant de réunir l'espace et le temps, comme pour s'inscrire dans le devenir incessant des choses et des êtres. Au fond, j'ai ici l'impression de toucher, dans ce microcosme de l'infini mouvement du trait, à une certaine compréhension de ce qui se passe dans le macrocosme.

F. T. : Autrement dit, vous nous montrez que l'intimité du trait contient en elle l'infinité de l'univers. Pascal a bien décrit la condition vertigineuse de l'homme écartelé entre les deux infinis, l'infiniment grand de l'univers et l'infiniment petit de la matière. C'est ce vertige des deux infinis qui semble faire de l'homme un être disposé autant à l'observation scientifique qu'à l'intuition poétique.

F. V. : C'est ce que mon expérience du tableau n'a cessé, au quotidien, de m'enseigner. Toutes mes recherches vont dans ce sens : comment aider le public à réemprunter, par la voie de l'art, les chemins tracés par le mouvement perpétuel du réel. En somme, je finis par penser que le peintre n'est pas si important que cela. Il n'est là que pour recevoir et transmettre cette permanence, au fond si simple, mais hélas si souvent négligée, qui consiste dans le fait que tout chante et tout vibre, en nous comme autour de nous. La peinture restera toujours, dans sa simplicité, ce révélateur concret de la sensibilité humaine, comme un capteur inestimable des transformations incessantes du réel dans la saisie de cet instant magique : le trait. On ne peut que s'émerveiller des relations qui se tissent, à travers lui, entre les lois physiques véhiculant la matière picturale et celles observables dans l'univers, gigantesque et éternelle variation témoignant de la possibilité, pour chacun de nous, de se libérer par cette infinie mélodie.

JEAN-CLAUDE GUILLEBAUD

ÉCRIVAIN

J'ai rencontré Jean-Claude Guillebaud lors d'une édition du Festival des musiques sacrées du monde dans la ville magique de Fès, au Maroc. Nous participions tous deux à un forum qui se déroulait en parallèle. L'intérêt que Jean-Claude manifestait pour le Vietnam où il était correspondant de guerre pour *Le Monde* pendant le conflit avec l'Amérique, et où il est revenu deux décennies plus tard, nous avait immédiatement rapprochés. De surcroît, il montrait une curiosité insatiable pour l'astrophysique. Jean-Claude n'a cessé de porter un regard scrutateur et analytique sur les mutations du monde contemporain en faisant « dialoguer tous les savoirs » : philosophie et histoire, mais aussi sciences sociales et sciences physiques. Pour lui, l'informatisation du monde a considérablement raccourci notre perception du temps, abolissant ainsi notre capacité à nous projeter vers l'avant et à élaborer des projets d'avenir. Le désir de « progrès » et « d'action sur le monde » n'est plus. Mais la foi chrétienne de Jean-Claude l'empêche de verser dans le désespoir : si le nouveau monde est porteur de menaces, il est aussi plein d'espérance.

NOTRE FUTUR S'EST-IL ÉVANOUI ?

Les découvertes de l'astrophysique, notamment l'existence d'innombrables « exoplanètes », accroissent encore de façon à peine concevable pour un esprit humain, la vastitude de l'univers. Le « grand tout » du cosmos soumet, en somme, à son impérieuse loi cosmique la marche du monde. Par contraste, elle conforte l'idée d'une impotence presque risible de la volonté humaine. Sur l'avenir humain, nous n'aurions plus de prise. La culture politique contemporaine exprime, à son insu, les symptômes de ce qui serait notre impuissance à gouverner quoi que ce soit du devenir du monde.

On répète qu'il n'y a décidément plus de projet ni de « grande ambition » ; notre modernité, assure-t-on, manque de grand dessein ; nos sociétés sont en panne d'idéal. Cette antienne prend souvent l'allure d'une récrimination croisée. Aux politiques englués dans la gestion quotidienne, l'opinion reproche leur manque de souffle et de vision. Aux citoyens, les décideurs réclament sans relâche – au sujet de l'Europe ou de la citoyenneté, par exemple – un surcroît d'enthousiasme, un meilleur allant, plus d'intrépidité ou de mobilisation démocratique. Chacun, au fond, impute à l'autre la responsabilité de ce qui fait défaut pour tous. Le plus souvent, on s'en tient là. Chacun soupire.

On aurait tort de trop ironiser sur ces lamentations convenues et ces considérations courtes. Chacun d'entre nous, au fond, pressent que quelque chose s'est déréglé – et dangereusement – dans notre rapport au temps, à la durée, à notre représentation de l'avenir. Certes, le siècle qui s'achève nous a guéris d'une sacralisation de l'Histoire, mère avérée des crimes et des idéologies. Nous ne voulons plus nous soumettre aux rigueurs d'un quelconque projet prométhéen préparant des lendemains qui chantent, et qu'une police politique viendrait, tôt ou tard, nous remettre en mémoire à coups de trique. Nous nous méfions des grandes aventures politiques et des utopies « totales ». Nous avons raison. Il n'empêche ! Une interrogation fondamentale nous hante que nous n'osons pas toujours exprimer.

Vers quel projet nous embarquent au juste ce néototalitarisme de la société marchande et cette prolifération technicienne ? De quelle insuffisance s'accommode l'espérance appauvrie, pour ne pas dire misérable, du néolibéralisme ambiant ? Faut-il chercher ne serait-ce qu'un substitut de projet historique dans ces envahissantes supputations chiffrées ? Il suffit de s'extraire une seconde du tintamarre quotidien pour comprendre l'inanité du « suspense » arithmétique, ramenant le devenir de l'humanité à ces récitations de décimales sur la croissance, les taux d'intérêt, la capacité de mémoire des microprocesseurs ou le séquençage du génome humain. Au mieux, tout cela sert-il à masquer – et encore, bien mal – une vérité qui s'impose de manière confuse : l'évanouissement progressif de l'avenir ; l'écroulement silencieux de nos représentations du lendemain.

De cet évanouissement, tout et tous nous parlent aujourd'hui à mots couverts. Les experts interprètent par exemple la financiarisation de l'économie comme un triomphe du court terme, du spéculatif, du frénétique boursier en lieu et place du projet industriel qui motivait les bâtisseurs de jadis. Les choix monétaires (équilibre des comptes, taux d'intérêt élevés, stabilité, etc.) correspondent à un dynamisme au jour le jour qui postule – pas toujours, mais souvent – une dépréciation de l'avenir plus lointain. Du moins en termes de volonté agissante, de civilisation ou d'espérance.

Or, cette capacité de se projeter vers l'avant permettait à chacun d'inscrire l'espérance de progrès sur la distance de plusieurs générations. Cette dynamique temporelle était, par nature, pacificatrice. Les générations se succédaient plus qu'elles ne s'affrontaient. En disparaissant, cet optimisme naturel a renvoyé toutes les classes d'âge vers l'impitoyable compétition du jour le jour. À l'enchaînement des générations succède la guerre entre jeunes et vieux. La solidarité cède le pas à la dispute. On commence donc à comprendre aujourd'hui qu'en renonçant à cette solidarité on enraye une mécanique sociale dont l'utilité allait bien au-delà du simple partage des revenus ou du pouvoir d'achat. En 1900, déjà, Freud s'interrogeait sur le devenir possible d'une société qui interromprait ce « passage de relais » naturel entre père et fils, qui est, pour une société, « le seul moyen d'atteindre l'immortalité ».

Mais l'économie n'est pas le seul terrain où se manifeste cette disparition du futur comme projet. Le temps médiatique, celui qui gouverne la démocratie dite d'opinion – et impose ses logiques au politique lui-même – est l'archétype parfait de cette tyrannie de l'instant. On pourrait de la même façon citer le temps technologique que l'informatisation du monde raccourcit chaque jour un peu plus et qui devient hors contrôle. Une bonne part des décisions, computations, transmissions, explorations ou échanges se fait dorénavant à l'intérieur d'un temps cybernétique si court qu'il n'est plus maîtrisable par l'intelligence humaine. La nanoseconde du « délai de réponse » se rit de nos insuffisances cérébrales. Par tous les bouts, le temps long est congédié. Le futur nous échappe. Il file entre nos doigts. Le temps de l'Histoire est déconstruit. L'avenir devient une vieille idée… Cette panne du futur entraîne des conséquences en cascade.

Paradoxalement, les économistes libéraux sont les premiers à s'alarmer de la plus immédiate : celle qui menace le système lui-même. Le dynamisme historique du capitalisme, en effet, était sous-tendu par une certaine idée du long terme qui, seule, justifiait l'investissement et rendait acceptables la coûteuse édification d'infrastructures publiques comme la non moins coûteuse dépense éducative. Ces dépenses « non rentables » (à court terme) étaient généralement dévolues au secteur public. Garant de l'avenir, celui-ci organisait et même créait d'une génération sur l'autre les conditions de la réussite du capitalisme. La dictature du court terme, l'exigence de rentabilité instantanée et la privatisation généralisée compromettent cet équilibre.

En dernière analyse, le paradoxe de la rationalité marchande et technologique – celle que Max Weber appelait la *Zweckrationalität* – est donc tout entier résumé par cette étrangeté : une profusion de « progrès » ponctuels, notamment techniques ou scientifiques, qui coïncide avec un deuil du Progrès proprement dit. Nous pressentons, avec raison, que ce douloureux « micmac » dans notre rapport au futur met en péril, au plus profond de nous, quelque chose d'essentiel. Une immense période historique – et avec elle une civilisation – serait-elle menacée d'anéantissement ? Ou d'épuisement ? Emmanuel Levinas avait sobrement évoqué cette espérance fondatrice dont nous risquons d'être les orphelins désemparés : « Nous étions accoutumés à l'idée que le temps va quelque part. »

C'est durant la période dite « axiale » que surgissent en Palestine les grands prophètes du judaïsme : Jérémie, Isaïe, Jonas, Ézéchiel, Daniel, etc. Jérémie, l'un des plus fameux, est né vers 650 av. J.-C., alors que le judaïsme proprement dit commencera après la destruction du premier temple de Jérusalem par Nabuchodonosor, en -587. Le message inouï dont sont porteurs les prophètes juifs est en contradiction radicale, au moins sur un point, avec la vision du monde proposée jusqu'alors par les sagesses orientales ou grecques.

Cette rupture a trait à la perception du temps. Le temps des prophètes n'est plus courbe ni cyclique. Il n'est plus gouverné par l'éternel retour mais par l'attente et l'espérance. Il récuse tout aussi bien le « destin » grec que le « cycle » du bouddhisme.

Le Talmud, dans le traité Shabbat (156 a), exprimera cette révolution messianique en une seule phrase : « Il n'y a pas de destin pour Israël. » Autrement dit, l'homme n'est plus, comme dans la sagesse orientale ou la tragédie grecque, le prisonnier d'une fatalité à laquelle il devra se conformer. Il est en attente, en chemin, en migration vers l'autre versant du monde et vers le futur. Comprise ainsi, l'espérance n'est pas seulement attente. Elle est aussi volonté de changer un monde qu'elle considère comme inachevé. Elle est « constructiviste », comme diraient nos économistes contemporains. À ses yeux, le monde n'est pas à accepter tel qu'il est parce qu'il est injuste, imparfait, « méchant ». Il est à parachever, c'est-à-dire à changer. Cet appel messianique à refuser le « destin » s'oppose non seulement à la sagesse grecque mais, par exemple, au détachement bouddhiste qu'indiffère notre idée de salut ou de progrès.

La philosophie grecque, sur ce point, est éloignée du judaïsme, comme du christianisme, avec lesquels cependant elle a beaucoup échangé. Elle est d'abord sagesse et contemplation (inactive). Cette sagesse consiste à accepter le réel, à habiter le monde avec mesure et sérénité. Je ne peux agir, dira Épictète dans son fameux *Manuel*, que sur « ce qui dépend de moi ». Là doit donc se borner mon souci. L'idée d'un temps droit, d'une flèche temporelle orientée vers un salut ou un progrès et justifiant un « labourage » du monde pour le rendre meilleur lui est étrangère. Aristote, par exemple, croit à l'éternité du monde et, par conséquent, à l'Éternel Retour. Nous autres Occidentaux, nous ne croyons plus au cycle, mais à l'évolution. Bien sûr, il serait abusif de faire de la philosophie de l'Histoire et du concept moderne de progrès les conséquences directes de l'espérance biblique. Tout au long des siècles, des emboîtements successifs et des arborescences complexes, des retours à l'Antiquité païenne alternant avec des regains de dogmatisme clérical (toute l'histoire occidentale !) brouilleront quelque peu cette filiation. Il n'empêche que le lointain enracinement judéo-chrétien est une évidence.

De nombreux auteurs insistent aujourd'hui, plus particulièrement, sur l'importance du récit de l'Exode en tant qu'inspirateur des mouvements de réforme ou de libération. Et cela alors même que certains acteurs de ces mouvements prétendent rejeter toute dimension théologique. L'Exode, c'est l'arrachement volontaire à l'injustice, le départ, l'espérance en action, la libération.

Dans ce long cheminement de l'esprit messianique à travers les siècles, certaines reformulations, notamment médiévales, auront un rôle longtemps sous-estimé. Faut-il ajouter que, si le militantisme laïc en faveur du progrès a pris en France des allures antireligieuses, ce ne fut le cas ni en Angleterre ni aux États-Unis. Là-bas, la théorie dite de l'exceptionnalisme associait naturellement les idées bibliques à celles des Lumières. La première croisade anti-esclavagiste, par exemple, fut en partie initiée par le mouvement du renouveau chrétien de William Wilberforce et la secte de Clapham, qui s'efforçaient de ranimer le dynamisme « progressiste » du christianisme évangélique. Pour les Anglo-Saxons, la cause paraît entendue. Non seulement la filiation judéo-chrétienne des Lumières est avérée, mais les valeurs modernes en sont encore plus ou moins tributaires.

Ces rappels historiques – forcément sommaires – nous aident à comprendre ce qu'il advient aujourd'hui de notre rapport au temps et à l'Histoire. En dernière analyse, le changement est donc bien plus profond que nous ne l'imaginions. La modernité désenchantée ne s'est pas contentée de congédier, comme on l'a vu plus haut, les promesses de l'avenir pour exalter celles du présent. Elle n'a pas seulement perdu sa représentation valorisée du futur. Elle renonce peu à peu à agir volontairement sur la marche du monde.

En d'autres termes, l'éviction progressive de la politique, le remplacement de la démocratie par la « société de marché », le refus – ou l'incapacité de désigner – un « projet », tout cela correspond ni plus ni moins à un retour du destin, au sens antique du terme. Nous serions prêts à laisser le cours du monde s'en aller de nouveau au fil de l'eau...

Très respectables mais également ambiguës me paraissent être ces nouvelles « sagesses » consolatrices que les philosophes les plus médiatisés proposent aujourd'hui à l'opinion. Toutes participent d'une forme modernisée du stoïcisme ou de l'épicurisme. Elles insistent sur le bonheur des jours et la magnificence de l'instant qui passe. Elles les jugent préférables à un futur idéalisé. Elles recommandent donc à chacun de construire son bonheur avec une modestie nouvelle et une vertu librement choisie. Aucune de ces voies de la sagesse ne mérite d'être moquée ou dévalorisée comme elles le sont parfois. Elles ont au moins l'avantage d'offrir un refuge, une solution d'attente, un moyen d'échapper à la déréliction ou au nihilisme.

Elles procèdent également d'une réaction – heureuse – contre l'accélération harassante de cette course de la modernité vers nulle part. Une course paradoxale qui ne sait plus où elle va mais y va de plus en plus vite, dans la frénésie d'une cavalcade angoissée et déshumanisante. Ce recours aux diverses écoles de « sagesse », grecques ou orientales, exprime légitimement une aspiration à la halte, au répit, à l'immobilité du bonheur quotidien. Alors ?

Alors, heureusement, en lisant avec autant de passion que d'inquiétude les livres de Trinh Xuan Thuan, j'apprends à distinguer le bouddhisme des interprétations discutables qu'en font le plus souvent les Occidentaux. J'en viens à penser que si « un peu » de bouddhisme nous éloigne de l'espérance, « beaucoup » de bouddhisme nous en rapproche.

TABLE DES MATIÈRES

COLLECTION PLURIEL

Actuel

ADLER Alexandre
Le monde est un enfant qui joue
J'ai vu finir le monde ancien
Au fil des jours cruels
L'Odyssée américaine
Rendez-vous avec l'Islam
Sociétés secrètes
Le jour où l'histoire a recommencé

ADLER Laure
Françoise

ASKENAZY Philippe,
COHEN Daniel
27 questions d'économie contemporaine
16 nouvelles questions d'économie contemporaine

ATTALI Jacques
Demain, qui gouvernera le monde ?
Devenir soi
C'était François Mitterrand
Peut-on prévoir l'avenir ?

ATTIAS Jean-Christophe,
BENBASSA Esther
Les Juifs ont-ils un avenir ?
Encyclopédie des religions

BACHMANN Christian,
LE GUENNEC Nicole
Violences urbaines

BAECQUE (de) Antoine
Les Duels politiques

BALLADUR Édouard
Conversations avec François Mitterrand

BARBER Benjamin R.
Djihad versus McWorld
L'Empire de la peur

BARLOW Maude,
CLARKE Tony
L'Or bleu

BAVEREZ Nicolas
Réveillez-vous !
Danser sur un volcan

BEBIN Xavier
Quand la justice crée l'insécurité

BEN-AMI Shlomo
Quel avenir pour Israël ?

BENAMOU Georges-Marc
Comédie française

BENBASSA Esther
La Souffrance comme identité

BERGOUGNIOUX Alain,
GRUNBERG Gérard
Les Socialistes français et le pouvoir (1905-2007)

BEURET Michel,
MICHEL Serge,
WOODS Paolo
La Chinafrique

BHUTTO Benazir
Autobiographie

BIASSETTE Gilles,
BAUDU Lysiane J.
Travailler plus pour gagner moins

BLAIS Marie-Claude,
GAUCHET Marcel,
OTTAVI Dominique
Conditions de l'éducation
Transmettre, apprendre

BLIN Arnaud,
CHALIAND Gérard
Histoire du terrorisme

BORIS Jean-Pierre
Le Roman noir des matières premières

BRENNER Emmanuel (dir.)
Les Territoires perdus de la République

BRETON Stéphane
Télévision

BROWN Lester
Le Plan B

BRZEZINSKI Zbigniew
Le Grand Échiquier

CARON Aymeric
Envoyé spécial

CARRERE D'ENCAUSSE Hélène
La Russie entre deux mondes

CHALIAND Gérard
Guérillas
CHARRIN Ève
L'Inde à l'assaut du monde
CHEBEL Malek
Manifeste pour un islam des Lumières
CHEMIN Ariane,
SCHNEIDER Vanessa
Le Mauvais Génie de Nicolas Sarkozy
CLERC Denis
La France des travailleurs pauvres
COHEN Daniel
La Mondialisation et ses ennemis
COHEN-TANUGI Laurent
Guerre ou paix
COHN-BENDIT Daniel
Que faire ?
COHN-BENDIT Daniel,
ALGALARRONDO, Hervé
Et si on arrêtait les conneries ?
COTTA Michèle
Mitterrand carnets de route
DAVIDENKOFF Emmanuel
Peut-on encore changer l'école?
DELPECH Thérèse
L'Ensauvagement
DELUMEAU Jean
Un christianisme pour demain
DEROGY Jacques
Les vengeurs arméniens
DOSTALER Gilles
MARIS Bernard
Capitalisme et pulsion de mort
DUFRESNE David
Maintien de l'ordre
Tarnac, magasin général
ÉTIENNE Bruno,
LIOGIER Raphaël
Être bouddhiste en France aujourd'hui
FAUROUX Roger,
SPITZ Bernard
Notre État
FILIU Jean-Pierre
La véritable histoire d'Al-Qaida
FINCHELSTEIN Gilles
La dictature de l'urgence
FRÉGOSI Franck
L'islam dans la laïcité
GIESBERT Franz-Olivier
L'animal est une personne
GLUCKSMANN André
Ouest contre Ouest
Le Discours de la haine
GODARD Bernard,
TAUSSIG Sylvie
Les Musulmans en France
GORE Al
Urgence planète Terre
GREENSPAN Alan
Le Temps des turbulences
GRESH Alain
L'Islam, la République et le monde
Israël-Palestine
GRESH Alain,
VIDAL Dominique
Les 100 Clés du Proche-Orient
GUÉNIF-SOUILAMAS Nacira
Des beurettes
GUÉNOLÉ Thomas
Petit Guide du mensonge en politique
HESSEL Stéphane
Citoyen sans frontières
HIRSCH Martin
Pour en finir avec les conflits d'intérêt
IZRAELEWICZ Erik
L'arrogance chinoise
JADHAV Narendra
Intouchable
JEANNENEY Jean-Noël (dir.)
L'Écho du siècle
JORION Paul
COLMANT Bruno
LAMBRECHTS Marc
Penser l'économie autrement
JORION Paul
Le dernier qui s'en va éteint la lumière
KAGAN Robert
La Puissance et la Faiblesse
KERVASDOUÉ (de) Jean
Les Prêcheurs de l'apocalypse
KNIBIEHLER Yvonne
Mémoires d'une féministe iconoclaste

LAÏDI Zaki
Un monde privé de sens
LATOUCHE Serge
Le pari de la décroissance
LAURENS Henry
L'Orient arabe à l'heure américaine
LAVILLE Jean-Louis
L'Économie solidaire
LE MAIRE Bruno
Des hommes d'État
LE GOFF Jean-Pierre
Malaise dans la démocratie
LENGLET François
Qui va payer la crise ?
La fin de la mondialisation
LENOIR Frédéric
Les Métamorphoses de Dieu
LEYMARIE Philippe,
PERRET Thierry
Les 100 Clés de l'Afrique
MALET Jean-Baptiste
En Amazonie
MARIS Bernard
Et si on aimait la France
MARTINOT Bertrand
Pour en finir avec le chômage
MELENCHON Jean-Luc
L'Ère du peuple
MONGIN Olivier
De quoi rions-nous ?
MOREAU Jacques
Les Socialistes français et le mythe révolutionnaire
MORIN Edgar
Mon Paris, ma mémoire
NICOLINO Fabrice,
Biocarburants, la fausse solution
NICOLINO Fabrice,
VEILLERETTE François
Pesticides
NOUZILLE Vincent
Les dossiers de la CIA sur la France 1958-1981
Les dossiers de la CIA sur la France 1981-2010
Pape François
Se mettre au service des autres, voilà le vrai pouvoir

PIGASSE Matthieu
FINCHELSTEIN Gilles
Le Monde d'après
PISANI-FERRY Jean
La crise de l'euro et comment nous en sortir
RAFFY Serge
Le Président, François Hollande, itinéraire secret
RAMBACH Anne,
RAMBACH Marine
Les Intellos précaires
RENAUT Alain
La Libération des enfants
REYNIÉ Dominique
Les nouveaux populismes
ROCARD Michel
Oui à la Turquie
ROY Olivier
Généalogie de l'islamisme
La Laïcité face à l'islam
ROY Olivier,
ABOU ZAHAD Mariam
Réseaux islamiques
SABEG Yazid,
MÉHAIGNERIE Laurence
Les Oubliés de l'égalité des chances
SALAS Denis
La Volonté de punir
SALMON Christian
La cérémonie cannibale
SAPORTA Isabelle
Le Livre noir de l'agriculture
SARAH Robert,
DIAT Nicolas
Dieu ou rien
SAVIDAN Patrick
Repenser l'égalité des chances
SELIGMANN Françoise
Liberté, quand tu nous tiens…
SENNETT Richard
La culture du nouveau capitalisme
SMITH Stephen
Négrologie
SMITH Stephen,
FAES Géraldine
Noir et Français

SMITH Stephen,
GLASER Antoine
Comment la France a perdu l'Afrique
SOREL Malika
Décomposition française
SOROS George
Mes solutions à la crise
STORA Benjamin
La Dernière génération d'octobre
TAUBIRA Christiane
Murmures à la jeunesse
TERNISIEN Xavier
Les Frères musulmans
TINCQ Henri
Les Catholiques
TRAORÉ Aminata
Le Viol de l'imaginaire
L'Afrique humiliée

VÉDRINE Hubert
La France au défi
Le Monde au défi
VÉDRINE Hubert (dir.)
Un partenariat pour l'avenir
VERMEREN Pierre
Maghreb : les origines de la révolution démocratique
VICTOR Paul-Émile,
VICTOR Jean-Christophe
Adieu l'Antarctique
VIROLE Benoît
L'Enchantement Harry Potter
WARSCHAWSKI Michel
Sur la frontière
WIEVIORKA Michel
La Tentation antisémite

Sciences

ACHACHE José
Les Sentinelles de la Terre
BARROW John
Les Origines de l'Univers
Une brève histoire de l'infini
CAZENAVE Michel (dir.)
Aux frontières de la science
CHANGEUX Jean-Pierre
L'Homme neuronal
CHARLIER Philippe
Médecin des morts
COHEN-TANNOUDJI Gilles
Les Constantes universelles
DAFFOS Fernand
La Vie avant la vie
DAVIES Paul
L'Esprit de Dieu
DAWKINS Richard
Qu'est-ce que l'Évolution ?
Il était une fois nos ancêtres
FERRIES Timothy
Histoire du Cosmos de l'Antiquité au Big Bang

FISCHER Helen
Histoire naturelle de l'amour
GLASHOW Sheldon
Le Charme de la physique
KANDEL Robert
L'Incertitude des climats
LAMBRICHS Louise L.
La Vérité médicale
LASZLO Pierre
Chemins et savoirs du sel
Qu'est-ce que l'alchimie ?
LEAKEY Richard
L'Origine de l'humanité
SEIFE Charles
Zéro
SINGH Simon
Le Dernier Théorème de Fermat
Le Roman du Big Bang
STEWART John
La Nature et les nombres
VIDAL-MADJAR Alfred
Il pleut des planètes
WAAL Frans (de)
Le singe en nous

Philosophie

ARON Raymond
Essai sur les libertés
L'Opium des intellectuels

AZOUVI François
Descartes et la France

BADIOU Alain
Deleuze
La République de Platon

BESNIER Jean-Michel
Demain les posthumains, le futur a-t-il encore besoin de nous ?

BLAIS Marie-Claude,
GAUCHET Marcel,
OTTAVI Dominique
Pour une philosophie politique de l'éducation

BOUDON Raymond
Le Juste et le vrai

BOUVERESSE Jacques
Le Philosophe et le réel

BURKE Edmund
Réflexions sur la Révolution en France

CANTO-SPERBER Monique
Le Libéralisme et la gauche

CASSIN Barbara
La nostalgie

CASSIRER Ernst
Le Problème Jean-Jacques Rousseau

CHÂTELET François
Histoire de la philosophie
t. 1 : La Philosophie païenne (du VIe siècle av. J.-C. au IIIe siècle après J.-C.)
t. 2 : La Philosophie médiévale (du Ier au XVe siècle)
t. 3 : La Philosophie du monde nouveau (XVIe et XVIIe siècles)
t. 4 : Les Lumières (XVIIIe siècle)
t. 5 : La Philosophie et l'histoire (de 1780 à 1880)
t. 6 : La Philosophie du monde scientifique et industriel (de 1860 à 1940)
t. 7 : La Philosophie des sciences sociales (de 1860 à nos jours)
t. 8 : Le XXe siècle

CONSTANT Benjamin
Principes de politique

DESANTI Jean-Toussaint
Le Philosophe et les pouvoirs
Un destin philosophique

DESCHAVANNE Éric,
TAVOILLOT Pierre-Henri
Philosophie des âges de la vie

DETIENNE Marcel
Dionysos à ciel ouvert

FLEURY Cynthia
Pretium doloris

GIRARD René
La Violence et le sacré
Celui par qui le scandale arrive
Mensonge romantique et vérité romanesque
Les Origines de la culture

GLUCKSMANN André
Le Bien et le Mal
Une rage d'enfant

GRUZINSKI Serge
La pensée métisse

HABERMAS Jürgen
Après Marx
Après l'État-nation
L'intégration républicaine

HABIB Claude
Le Consentement amoureux

HAZARD Paul
La Pensée européenne au XVIIIe siècle

JANICAUD Dominique
Heidegger en France (2 vol.)

JANKÉLÉVITCH Sophie,
OGILVIE Bertrand
L'Amitié

JARDIN André
Alexis de Tocqueville

JERPHAGNON Lucien
Les dieux ne sont jamais loin
Au bonheur des sages
Histoire de la pensée
Mes leçons d'antan

JOUVENEL (de) Bertrand
Du pouvoir

KAHN Axel,
GODIN Christian
L'Homme, le bien, le mal

LA ROCHEFOUCAULD
Maximes, réflexions, lettres

LENOIR Frédéric
Le temps de la responsabilité

LINDENBERG Daniel
Destins marranes

LÖWITH Karl
Nietzsche

MANENT Pierre
Histoire intellectuelle du libéralisme

MARZANO Michela
Extension du domaine de la manipulation
Éloge de la confiance

MONGIN Olivier
Face au scepticisme

MORIN Edgar
La Voie
Mes philosophes

NEGRI Anthonio
Job, la force de l'esclave

NIETZSCHE Friedrich
Aurore
Humain, trop humain
Le Gai Savoir
Par-delà le bien et le mal

ONFRAY Michel
Le Miroir aux alouettes

ORDINE Nuccio
L'Utilité de l'inutile

ORY Pascal
Nouvelle Histoire des idées politiques

QUINET Edgar
L'Enseignement du peuple, suivi de
La Révolution religieuse au XIXe siècle

RICHIR Marc
La Naissance des dieux

RICŒUR Paul
La Critique et la conviction

ROUSSEAU Jean-Jacques
Du contrat social

SAVATER Fernando
Choisir, la liberté
Sur l'art de vivre
Les Dix Commandements au XXIe siècle

SAVIDAN Patrick
Repenser l'égalité des chances

SCHOLEM Gershom
Walter Benjamin

SERRES Michel
Les Cinq Sens
Le Parasite
Rome

SIRINELLI Jean-François
Sartre et Aron
Les Vingt décisives

SLOTERDIJK Peter
Bulles. Sphères I
Globes. Sphères II
Écumes. Sphères III
Colère et temps
Essai d'intoxication volontaire, suivi de
L'Heure du crime et le temps de l'œuvre d'art
Ni le soleil ni la mort
Les Battements du monde
Le Palais de cristal
La folie de Dieu
Tempéraments philosophiques
Tu dois changer ta vie

STAUNE Jean
Notre existence a-t-elle un sens ?

SUN TZU
L'Art de la guerre

TODOROV Tzvetan
Les Morales de l'histoire

WOLFF Francis
Philosophie de la corrida
Penser avec les Anciens

ZIMMER Robert
Le Grand Livre des philosophes

Psychanalyse, psychologie

BETTELHEIM Bruno
Le Poids d'une vie

BETTELHEIM Bruno,
ROSENFELD Alvin
Dans les chaussures d'un autre

BONNAFÉ Marie
Les Livres, c'est bon pour les bébés

BRUNSCHWIG Hélène
N'ayons pas peur de la psychothérapie

CRAMER Bertrand
Profession bébé
CYRULNIK Boris
Mémoire de singe et paroles d'homme
La Naissance du sens
Sous le signe du lien
CYRULINK Boris,
MATIGNON Karine Lou,
FOUGEA Frédéric
La Fabuleuse Aventure des hommes et des animaux
DANON-BOILEAU Henri
De la vieillesse à la mort
DUMAS Didier
La Sexualité masculine
Sans père et sans parole
FLEM Lydia
Freud et ses patients
GREEN André
Un psychanalyste engagé
GRIMBERT Philippe
Pas de fumée sans Freud
Psychanalyse de la chanson
HADDAD Gérard
Manger le livre
HEFEZ Serge
Quand la famille s'emmêle
Dans le cœur des hommes
Scènes de la vie conjugale
HEFEZ Serge,
LAUFER Danièle
La Danse du couple
HOFFMANN Christian
Introduction à Freud
JEAMMET Philippe
Anorexie Boulimie
JOUBERT Catherine,
STERN Sarah
Déshabillez-moi
KORFF-SAUSS Simone
Dialogue avec mon psychanalyste
Le Miroir brisé
LAPLANCHE Jean,
PONTALIS Jean-Bernard
Fantasme originaire. Fantasme des origines. Origines du fantasme
LESSANA Marie-Magdeleine
Entre mère et fille : un ravage
MORO Marie-Rose
Enfants d'ici venus d'ailleurs
PERRIER François
L'Amour
PHILLIPS Adam
Le Pouvoir psy
SIETY Anne
Mathématiques, ma chère terreur
SUTTON Nina
Bruno Bettelheim
TISSERON Serge
Comment Hitchcock m'a guéri
Psychanalyse de l'image
TOMKIEWICZ Stanislas
L'Adolescence volée
VIGOUROUX François
L'Âme des maisons
L'Empire des mères
Le Secret de famille

Sociologie, anthropologie

AMSELLE Jean-Loup
L'Occident décroché
ARNALDEZ Roger
L'Homme selon le Coran
AUGÉ Marc
Un ethnologue dans le métro
BADIE Bertrand,
BIRNBAUM Pierre
Sociologie de l'État
Le peuple et les gros
Le moment antisémite
BAUMAN Zygmunt
Le Coût humain de la mondialisation
La Société assiégée
L'Amour liquide
La Vie en miettes. Expérience moderne et moralité
La Vie liquide
BEAUD Stéphane,
PIALOUX Michel
Violences urbaines, violence sociale

BOUDON Raymond
La Logique du social
L'Inégalité des chances
BROMBERGER Christian
Passions ordinaires
CALVET Louis-Jean
Histoire de l'écriture
CASTEL Robert,
HAROCHE Claudine
Propriété privée, propriété sociale, propriété de soi
CLERGET Stéphane
Adolescents, la crise nécessaire
DIGARD Jean-Pierre
Les Français et leurs animaux
EHRENBERG Alain
Le Culte de la performance
L'Individu incertain
ELIAS Norbert
Norbert Elias par lui-même
Du temps
ELLUL Jacques
Le Bluff technologique
FOURASTIÉ Jean
Les Trente Glorieuses
GARAPON Antoine,
PERDRIOLLE Sylvie
Quelle autorité ?
GAY Christian
Vivre avec un maniaco-dépressif
GIDDENS Anthony
La Transformation de l'intimité
GINESTE Thierry
Victor de l'Aveyron
GUÉRIN Serge
L'Invention des seniors
HIRSCHMAN Albert O.
Bonheur privé, action publique
KAUFMANN Jean-Claude
Casseroles, amour et crises
L'Invention de soi
Ego
Quand Je est un autre
L'étrange histoire de l'amour heureux
LAHIRE Bernard
L'Homme pluriel
LAMBERT Yves
La naissance des religions
LAVILLE Jean-Louis,
SAINSAULIEU Renaud
L'association. Sociologie et économie
LE BRAS Hervé
Marianne et les lapins
LE BRETON David
L'Adolescence à risque
MONOD Jean
Les Barjots
MORIN Edgar
Commune en France. La métamorphose de Plozévet
MUXEL Anne
Individu et mémoire familiale
PONT-HUMBERT Catherine
Dictionnaire des symboles, des rites et des croyances
RAUCH André
Crise de l'identité masculine, 1789-1914
Vacances en France de 1830 à nos jours
ROBIN Corey
La Peur
SAVIER Lucette
Des sœurs, des frères
SENNETT Richard
Respect
La Culture du nouveau capitalisme
SINGLY (de) François
Les Uns avec les autres
Les Adonaissants
L'Injustice ménagère
Comment aider l'enfant à devenir lui-même ?
Séparée
SULLEROT Évelyne
La Crise de la famille
THÉLOT Claude
Tel père, tel fils ?
TIERNEY Patrick
Au nom de la civilisation
URFALINO Philippe
L'Invention de la politique culturelle
WIEVIORKA Michel
La Violence
Neuf leçons de sociologie

ADLER Laure
Les Maisons closes
Secrets d'alcôve

AGULHON Maurice
De Gaulle. Histoire, symbole, mythe
La République (de 1880 à nos jours)
t. 1 : L'Élan fondateur et la grande blessure (1880-1932)
t. 2 : Nouveaux drames et nouveaux espoirs (de 1932 à nos jours)

ALEXANDRE-BIDON Danièle
La Mort au Moyen Âge

ALEXANDRE-BIDON Danièle,
LETT Didier
Les Enfants au Moyen Âge

AMEUR Farid
Le Ku Klux Klan

ANATI Emmanuel
La Religion des origines

ANDREU Guillemette
Les Égyptiens au temps des pharaons

ANTOINE Michel
Louis XV

ATTALI Jacques
Diderot ou le bonheur de penser

AUBRAC Raymond,
HELFER-AUBRAC Renaud
Passage de témoin

BALANDIER Georges
Le Royaume de Kongo du XVIe au XVIIIe siècle

BALLET Pascale
La Vie quotidienne à Alexandrie

BANCEL Nicolas,
BLANCHART Pascal,
VERGÈS Françoise
La République coloniale

BARTOV Omer
L'Armée d'Hitler

BASLEZ Marie-Françoise
Saint Paul

BEAUFRE André (Général)
Introduction à la stratégie

BÉAUR Gérard
La Terre et les hommes

BECHTEL Guy
La Chair, le diable et le confesseur

BECKER Annette
Oubliés de la Grande Guerre

BÉDARIDA François
Churchill

BENNASSAR Bartolomé,
VINCENT Bernard
Le Temps de l'Espagne, XVIe-XVIIe siècles

BENNASSAR Bartolomé,
MARIN Richard
Histoire du Brésil

BENNASSAR Bartolomé
L'Inquisition espagnole, XVe-XIXe siècles

BERCÉ Yves-Marie
Fête et révolte

BERNAND André
Alexandrie la grande

BLUCHE François
Le Despotisme éclairé
Louis XIV
Les Français au temps de Louis XVI

BOLOGNE Jean Claude
Histoire de la pudeur
Histoire du mariage en Occident
Histoire du célibat

BORDONOVE Georges
Les Templiers au XIIIe siècle

BOTTÉRO Jean
Babylone et la Bible, Entretiens avec Hélène Monsacré
Au commencement étaient les dieux

BOTTÉRO Jean,
HERRENSCHMIDT Clarisse,
VERNANT Jean-Pierre
L'Orient ancien et nous

BOUCHENOT-DECHIN Patricia
André Le Nôtre

BOUCHERON Patrick (dir.)
Histoire du monde au XVe siècle
t.1 : Territoires et écritures du monde
t. 2 : Temps et devenirs du monde

BREDIN Jean-Denis
Un tribunal au garde-à-vous

BROSZAT Martin
L'État hitlérien
BROWNING Christopher R.
À l'intérieur d'un camp de travail nazi
BRULÉ Pierre
Les Femmes grecques
CAHEN Claude
L'Islam, des origines au début de l'Empire ottoman
CARCOPINO Jérôme
Rome à l'apogée de l'Empire
CARRÈRE D'ENCAUSSE Hélène
Catherine II
Lénine
Nicolas II
Les Romanov
CHAUNU Pierre
Le Temps des réformes
CHEBEL Malek
L'Esclavage en Terre d'Islam
CHÉLINI Jean
Histoire religieuse de l'Occident médiéval
CHOURAQUI André
Les Hommes de la Bible
CLAVAL Paul
Brève histoire de l'urbanisme
CLOULAS Ivan
Les Borgia
Les Châteaux de la Loire au temps de la Renaissance
CROUZET Denis
La nuit de la Saint-Barthélemy
COLLECTIF
Chevaliers et châteaux-forts
Les Francs-Maçons
Le nazisme en questions
Les plus grands mensonges de l'histoire
Le Japon
L'Iran
Versailles
Amour et sexualité
La Cuisine et la Table
La guerre de Cent Ans
L'Espagne
Les grandes crises dans l'histoire
La Turquie, d'une révolution à l'autre
CONAN Éric,
ROUSSO Henry
Vichy, un passé qui ne passe pas
D'ALMEIDA Fabrice
Ressources inhumaines
DARMON Pierre
Le Médecin parisien en 1900
Vivre à Paris pendant la Grande Guerre
DAVRIL Dom Anselme,
PALAZZO Éric
La Vie des moines au temps des grandes abbayes
DELARUE Jacques
Trafics et crimes sous l'Occupation
DELUMEAU Jean
La Peur en Occident
Rome au XVIe siècle
Une histoire du paradis
t. 1 : Le Jardin des délices
t. 2 : Mille ans de bonheur
t. 3 : Que reste-t-il du paradis ?
DESANTI Dominique
Ce que le siècle m'a dit
DESSERT Daniel
Fouquet
DOMENACH Jean-Luc
Mao, sa cour et ses complots
DUBY Georges
Le Chevalier, la femme et le prêtre
Le Moyen Âge (987-1460)
DUCLERT Vincent
Alfred Dreyfus, l'honneur d'un patriote
DUCREY Pierre
Guerre et guerriers dans la Grèce antique
DUPUY Roger
Les Chouans
DUROSELLE Jean-Baptiste
L'Europe, histoire de ses peuples
EINAUDI Jean-Luc
Octobre 1961
EISENSTEIN Elizabeth L.
La Révolution de l'imprimé
ENDERLIN Charles
Par le feu et par le sang
ESLIN Jean-Claude,
CORNU Catherine
La Bible, 2 000 ans de lectures
ESPRIT
Écrire contre la guerre d'Algérie (1947-1962)

ÉTIENNE Bruno
Abdelkader
ETIENNE Robert
Pompéi
FAVIER Jean
De l'or et des épices
FERRO Marc
Le Livre noir du colonialisme
Nazisme et communisme
Pétain
FINLEY Moses I.
On a perdu la guerre de Troie
FILIU Jean-Pierre
Histoire de Gaza
FLACELIÈRE Robert
La Grèce au siècle de Périclès
FONTAINE Marion (dir.)
Ainsi nous parle Jean Jaurès
FOSSIER Robert
Le Travail au Moyen Âge
Ces gens du Moyen Âge
FRUGONI Chiara
Saint François d'Assise
FURET François
La Révolution (1770-1880)
t. 1 : La Révolution française, de Turgot à Napoléon (1770-1814)
t. 2 : Terminer la Révolution, de Louis XVIII à Jules Ferry (1814-1880)
FURET François,
NOLTE Ernst
Fascisme et communisme
FURET François,
RICHET Denis
La Révolution française
GARIN Eugenio
L'Éducation de l'homme moderne (1400-1600)
GELLY Violaine,
GRADVOHL Paul
Charlotte Delbo
GERVAIS Danièle
La Ligne de démarcation
GIRARD Louis
Napoléon III
GOUBERT Pierre
Initiation à l'histoire de la France
L'Avènement du Roi-Soleil
Mazarin
Louis XIV et vingt millions de Français
GOUBERT Jean-Pierre
Une histoire de l'hygiène
GRAS Michel,
ROUILLARD Pierre,
TEIXIDOR Xavier
L'Univers phénicien
GUESLIN André
Une histoire de la pauvreté dans la France du XXe siècle
GUICHARD Pierre
Al-Andalus (711-1492)
GUILAINE Jean
La Mer partagée
HEERS Jacques
Esclaves et domestiques au Moyen Âge
La Ville au Moyen Âge en Occident
HOBSBAWM Eric J.
Franc-tireur. Autobiographie
L'Ère des révolutions (1789-1848)
L'Ère du capital (1848-1875)
L'Ère des empires (1875-1914)
Marx et l'histoire
Les primitifs de la révolte dans l'Europe moderne
Aux armes, historiens
HOWARD Dick
Aux origines de la pensée politique américaine
HUSSEIN Mahmoud
Al-Sîra (2 vol.)
INGRAO Christian
Croire et détruire
JAFFRELOT Christophe (dir.)
L'Inde contemporaine
JERPHAGNON Lucien
Histoire de la Rome antique
Les Divins Césars
JOHNSON Hugh
Une histoire mondiale du vin
JOMINI (de) Antoine-Henri
Les Guerres de la Révolution (1792-1797)
JOXE Pierre
L'Édit de Nantes
JUDT Tony
Après-guerre

Composition réalisée par Belle Page

Fayard s'engage pour l'environnement en réduisant l'empreinte carbone de ses livres. Celle de cet exemplaire est de :
0,450 kg éq. CO_2
Rendez-vous sur www.fayard-durable.fr

PAPIER À BASE DE FIBRES CERTIFIÉES

Achevé d'imprimer
par Dupli-Print à Domont (95)
en septembre 2017

34-9243-4/04
N° d'impression : 2017090588

Imprimé en France